小寺祐二＝編著

イノシシを獲《と》る

ワナのかけ方から肉の販売まで

農文協

はじめに

戦後の高度経済成長期以降、イノシシは急速にかつての分布域を回復している。それと同時に、イノシシによる農作物被害も四三都府県（平成十九年度）で報告され、その総被害額は毎年五〇億円を超えている。

こうした状況に対して、特にイノシシの分布域が明治以降に消滅していた地域では、「捕獲圧を高めて絶滅させれば被害がなくなる」という発想で捕獲重視の被害対策が推進される傾向にある。しかし歴史上、捕獲圧を高めてイノシシを絶滅させることに成功した例は非常に希有である。

私は、被害対策として、やみくもなイノシシ捕獲に取り組むことを勧めてはいない。なぜならば、人間領域の守りを固めずにイノシシを捕獲しても被害対策には直結しにくいし、イノシシ絶滅のためには一般的に想像されている以上の労力が必要となるからだ（40ページ参照）。

イノシシを捕獲するための書籍であるにもかかわらず、イノシシと人間の関係史（第1章）に触れたのは、歴史的時間軸の中での両者の関係を理解した上で、イノシシが引き起こす問題に向き合っていく必要があると考えたからである。また、日本人が置かれた現状を踏まえると、イノシシに関しては捕獲以前の守備固めも必要不可欠な技術となる。そのため、進入防止柵の設置技術（第2章）に関しても、最低限の内容を記載した。

本書では、捕獲したイノシシの食肉加工についても触れている（第5章）。しかし、これも決して安易な取り組みを推奨しているのではない。イノシシの生息数の増加や捕獲従事者の技術の向上によってイノシシの捕獲数が増加すると、「肉を廃棄するのはもったいない」という意見が出始める。最終的には「食肉として販売すれば、売り上げを捕獲費用に補填できるはず」といった意見に達し、食肉加工施設が作られるパターンが一般的である。

イノシシの食肉加工施設には、技術的、経営的側面など、さまざまな問題が存在しており、赤字を出さずに恒常的に運営することは非常に難しい。これは「なぜ人間はイノシシから家畜のブタを作ったのか」を考えればわかる。そもそも簡単に軌道に乗るならば、イノシシの分布域が残存していた地域に多くの加工施設が存在して然るべきだし、補助金や交付金を使わなくとも銀行の融資が得られるはずだ。

序章で紹介されている島根県美郷町では地域が一体となった守備固めが行なわれており、イノシシの食肉利用はあくまでも被害対策や地域興しの一環である。身の丈にあった計画を練り、公金を使わずに、必死に自力で取り組んでいる地域である。美郷町を視察された際に、食肉加工施設だけでなく夏の奥山集落を一見すれば、そのことがすぐに納得できるだろう。

私は普段のイノシシ対策研修で積極的に捕獲の話をすることはない。なぜならば、話を聞く方々の大半が「捕獲しよう」という考えを持っている中で、守備固めがおろそかにされてしまうからだ。

ここまで、捕獲のための書籍らしからぬ「はじめに」になってしまったが、野生動物の個体群管理や自然生態系保全を進める上で、特定の動物を捕獲する技術が重要であることは間違いない。捕獲に関する間違った認識や生態学的な配慮を欠いた技術などが伝搬している現状や、捕獲従事者が高齢化している状況をみると、私が知っている情報をどこかで整理して記載する必要性も感じていた。

この本では、可能な限り既存の研究論文や科学的なデータに基づいた解説を心がけ、最新の情報を記載するよう努力した。本書が伝承・伝統的な狩猟からの脱却に貢献し、生態学的な視野を持った捕獲従事者の拡大につながることを願っている。また、常に技術は発展するものであり、本書を機会に新たな技術的展開がみられることを期待している。

私がイノシシに関わるようになったきっかけは、大学の卒業論文だった。イノシシは当時、まだ西日本を中心とした話題であり、二〇年もたたぬうちに全国的な問題になるとは思っていなかった。いろいろと紆余曲折はあったが、私は幸いにも、いまだにイノシシの研究を続けている。これも多くの方々の助力によるものである。

特に二〇〇八年に若くして亡くなった神崎伸夫氏と出会っていなければ、私はイノシシ研究の道に進むことはなかった。イノシシの捕獲は、脚くくりワナ（第4章）の基本を近重秀友氏より、箱ワナ・囲いワナ（第3章）はフランス国立狩猟研究所のエリック・ボベ氏より多く学んだ。序章を執筆した島根県美郷町の安田亮氏には「おおち山くじら生産者組合」を設立する過程で、イノシシの食肉加工について学ぶ機会をいただいた。

また、本書で多くのデータを用いた島根県での調査は、近重氏のほか、羽部学氏、故湯浅雪晴氏、道岡和夫氏、道岡芳弘氏など浜田市猟友会の方々の協力や、実績が少ない私を特別研究員として採用した島根県中山間地域研究センターの存在がなければ達成できなかっただろう。さらに、農文協には月刊誌『現代農業』の連載から本書の執筆まで貴重な機会をいただいた。そのほか多くの方々にも助けられてきた。この場を借りて感謝の意を表したい。

最後になったが、身重でありながら執筆活動に協力してくれた妻の明子に感謝するとともに、本書を明子とその胎内に宿るわが子に捧げる。

二〇一一年　二月

小寺祐二

目次

イノシシを獲る
ワナのかけ方から肉の販売まで

DTP●條 克己

序章

イノシシで町が動き出した

安田　亮（島根県美郷町役場）

猟友会から農家主体へ、駆除班を再編

囲いワナにかかったイノシシ

イノシシのハンバーグを町内の児童が「ガブッ」とかぶりつく。「山くじら（イノシシの肉）を食らう」、そんな言葉がぴったりな瞬間だ。二〇〇七年三月、初めて獣肉が学校給食の献立に登場。この瞬間のために丸九年を費やしたといっても過言ではない。

美郷町の迷惑イノシシが「山くじら」という名で資源化されるまでの過程は、平成十一年四月、旧邑智《おおち》町役場の産業課へ異動し、鳥獣対策行政を担当した年に遡る。

●農家と猟友会の板挟みからはじまった

当時、町では、農家からのイノシシ捕獲の要望や、「囲いワナ」設置の補助金がほしいという要望が強かった。囲いワナとは、広さ六畳ほど、高さ二mほどのイノシシを一網打尽にできる大型オリのことである。しかし、管理の行き届いていないオリがあったり、新たに設置する予算もいっぱいいっぱいで、その設置数は飽和状態であった。

集落のために、狩猟免許を取得した農家の駆除班員。箱ワナから逃げようとするイノシシを捕まえている

この囲いワナにかかったイノシシを駆除するのは猟友会であった。町が駆除班員に支払う奨励金はイノシシ一頭につき六〇〇〇円。平成十一年度には、駆除班員が持ち込んだ尻尾確認とはいえ、過去最多の七三二頭を記録した。しかし、その実態は、夏場にもかかわらず、ふさふさした冬毛の尻尾が出される有様だった。

駆除班は狩猟と駆除の二つの概念を混同した組織であり、狩猟を楽しみたい猟師からは、狩猟獣としてのイノシシ資源枯渇を危惧する声もあった。猟師としては冬に脂ののったイノシシを撃って収入を得たいので、夏場にやせたイノシシを一網打尽にされたら困るのである。それに、ワナにかかったイノシシを駆除してもたいしたお金にならないので、囲いワナを増やすことには否定的であった。

囲いワナの所有者は農家で、管理者は狩猟免許を持った駆除班、すなわち猟友会。自分の畑を守るため被害の原因となるイノシシを捕まえさえすればいいと考えている農家に対して、猟友会は自然の恵みとしてイノシシを撃って収入を得たかったり、狩猟を楽しみたいのである。この農家と猟友会の板挟みで、人間関係の調整役にエネルギーを注ぐことが当時の鳥獣対策だった。

補助金依存、猟友会依存、行政依存の三つの依存体質。

島根県美郷町の駆除班体制

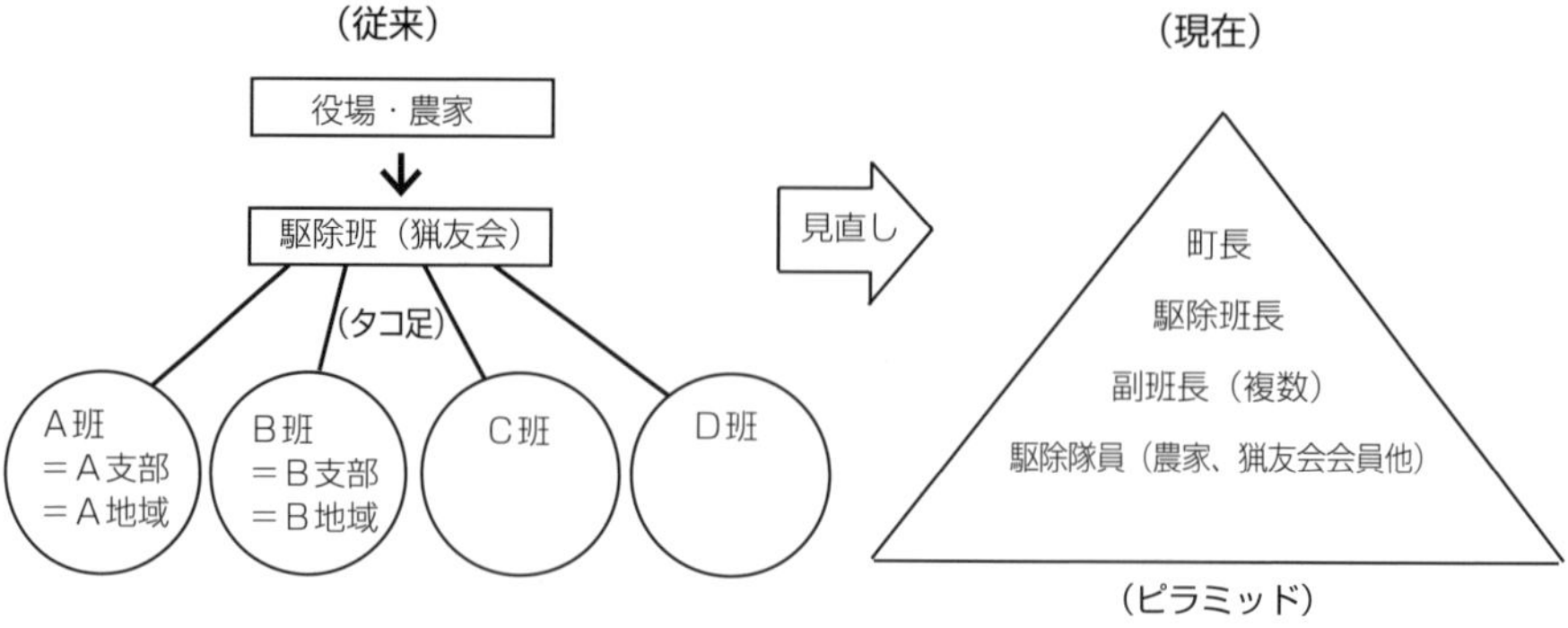

デメリット
・捕獲が猟友会まかせ
・縄張り意識が強く、組織力が弱い
・一人でいくつものオリを管理

メリット
・イノシシ肉の安定供給
・組織力の向上
・捕獲環境の充実
・農家も捕獲に参加

「町役場にいえば何とかしてくれる」「補助金があるから活動する」「補助金漬けの施策」「狩猟免許を取得しているのだから猟友会がしっかり駆除すればいい」など、農業者のほうも主体性が欠如した体質だった。この形骸化した鳥獣害対策に理想と現実のギャップを痛感。平成十二年四月、そこからの脱却を図った。

●捕殺個体の確認方法に「現場確認」を導入

まず、捕殺個体の確認方法を尻尾確認から現場確認に変えた。現地確認後に記入する台帳には「捕獲日時」「捕獲場所」「捕獲方法」「捕獲者」「農業者立会人」「確認者である役場職員」「イノシシの目視による推定体重」という項を設けた。捕獲方法では「囲いワナ・箱ワナ（オリ）」「くくりワナ」「その他（銃器・犬ほか）」の三つに区分した。そして、町内を五つの地域に分けて、月ごとに捕獲方法の率を出すことにした。

この台帳がイノシシの資源化を準備していくうえで貴重なデータと現地捕獲証明に役立った。イノシシ肉を流通させるうえで重要となる生産履歴を、捕獲時点からきっちりとたどれる仕組みにもなったのである。

島根県美郷町の風景。中国地方随一の江の川が急峻な山々を縫うように流れ、その谷間に集落が点在している

●囲いワナではなく、箱ワナを設置

また、すでに設置してある囲いワナはそのまま稼働させ、新たに設置する分は箱ワナに変えた。

囲いワナは、イノシシを一網打尽できる利点があるものの、一度設置したら動かせないという欠点があった。その場所でイノシシが入らなくなり、管理が行き届かなくなってしまうということもあった。それに、設置費が高くつき、それを町の補助金でまかなっていた。いっぽう、箱ワナは移動も容易で、囲いワナほど設置にお金はかからない。

●いっせい駆除の出動手当てを廃止して、経費削減

また、経費を抑えるという面では、いっせい駆除のシステムも見直した。それまで、県が旗振りをして猟師がいっせいに山に入りイノシシを捕獲するという日があったが、そのときは町が猟師に対して一日いくらといった具合に手当てを出していた。これはたとえイノシシを捕獲できなくても同じ金額だし、大人数で一頭、二頭捕獲しても経費のわりにまったく効果がなく、行政の自己満足になるだけ。

出動手当ては廃止として、合理的に被害対策費を削減することにした。

イネがイノシシに荒らされたので、柵をトタンで補修している

●農業者主体の駆除班を編成

そして一番大きいのは、狩猟と有害鳥獣捕獲の概念や立場の混同を整理するため、猟友会と駆除班を区別した新しい組織を創設したことである。つまり、狩猟と有害鳥獣捕獲の線引き。

従来の猟友会依存の駆除班は、狩猟の原理が働くタコ足の組織といえた。欠点は〝縄張り〟という排他的な性質。地域ごとに支部と班長が存在し、横の連携がとれていなかった。また、同じ班内でも集落ごとにバラバラに駆除活動し、助け合うことがない状態だった。組織力が弱いのだ。

また、こちらからオリの管理をお願いするにしても、駆除に批判的な猟師は引き受けてくれなかった。結果、理解のある猟師に頼むことになり、そんな人が少ない場合は一人で十いくつものオリを管理することにもなった。これでは手がまわらないこともあるし、その管理者が事故や病気を起こした場合はオリが稼働停止になってしまう。

新しい組織では、まず捕獲権限の既得権は町にあり、鳥獣行政のトップは町長とした。そして一名の駆除班長、地域の連絡調整役として複数の副班長と続く、ピラミッド型の組織となった。

また、狩猟免許の取得を農業者に啓発した結果、二九名の農業者が駆除班に加わり、猟師と農家が混ざった組織ができあがった。被害対策の受益は農業者にあり、田畑を自らが守るという主体性を持ってもらうためだ。

駆除班では、オリの管理を複数体制とした。オリはムダなく、常時稼働。農業者主体の捕獲体制ができあがったのである。

新たな組織である駆除班の創設は、地域と人の壁をなくし、横断的な組織力によって鳥獣対策の担い手を補完した。この駆除班体制がのちの「山くじら生産者組合」となり、捕殺したイノシシの集積や、臭みを残さない放血解体処理にも役立った。つまり、山くじら誕生という迷惑イノシシの特産化への布石となったのだ。

●イノシシが引き出す住民活力

鳥獣害対策は、人間の心理が働くものである。依存体質を克服しない限り、いくら高度な対策技術を開発しても、加工処理施設にお金を注ぎ込んでも、うまくいかない。これからは「イノシシをどうするか」ではなく、「私たちがどうあるべきか」が求められるのではないか。

同時に、日本の社会の急速な変化によって人為的に生じた鳥獣による問題は、中山間地域で暮らす私たちの営みや、過疎と少子高齢化の問題を色濃く反映した切り口と捉えることができるのではないか。だとしたら、農家や狩猟者、役場の三者だけでなく、子供からお年寄りまで、住民誰もがこの鳥獣問題に何らかの形で関わることで「町にとって私たちがどうあるべきか」を見つめるまたとないチャンスとなる。

また、美郷町でイノシシの話題が世間話で絶えない事実は、鳥獣害の問題の中にこそ住民活力が眠っている証拠でもある。いかにその活力を引き出すか、その手段としてイノシシの資源化が有効と考えた。言い換えれば、鳥獣害対策を通じて食からはじまる地域おこしである。

地域の問題だったイノシシの資源化は、住民主体の地域おこしの原石なのだ。

夏場の肉が臭くない秘密は「運搬箱」

イノシシの入った運搬箱をトラックにのせているところ。生体のまま処理場へ直行

●夏場のイノシシは臭くてまずい？

「臭くない、これなら食べられる」

春から夏にかけて捕殺される通称〝夏場のイノシシ〟の試食会でよく耳にする言葉だ。この時、肉のうまさよりも臭いかどうかが問題視される。夏場のイノシシは「臭くてまずい」「脂肪がなくて旨味がない」という既成概念ができあがっているからだ。果たしてそうなのか。

確かに、脂肪酸やアミノ酸などの旨味成分が高い狩猟期（冬場）のイノシシは、普段食べなれている豚肉に近く、歩留まりもよい。さらに、鍋ものがおいしい季節だけあって、付加価値がついて高く売買される。

それに比べて夏場のイノシシは脂肪のない赤身である。腐敗もはやく「夏場のイノシシ＝臭くてまずい」のレッテルが貼られている。一度でもにおいのするイノシシ肉を口にした人はそれがトラウマとなり、食べた経験のない人にまで伝染させてしまう。

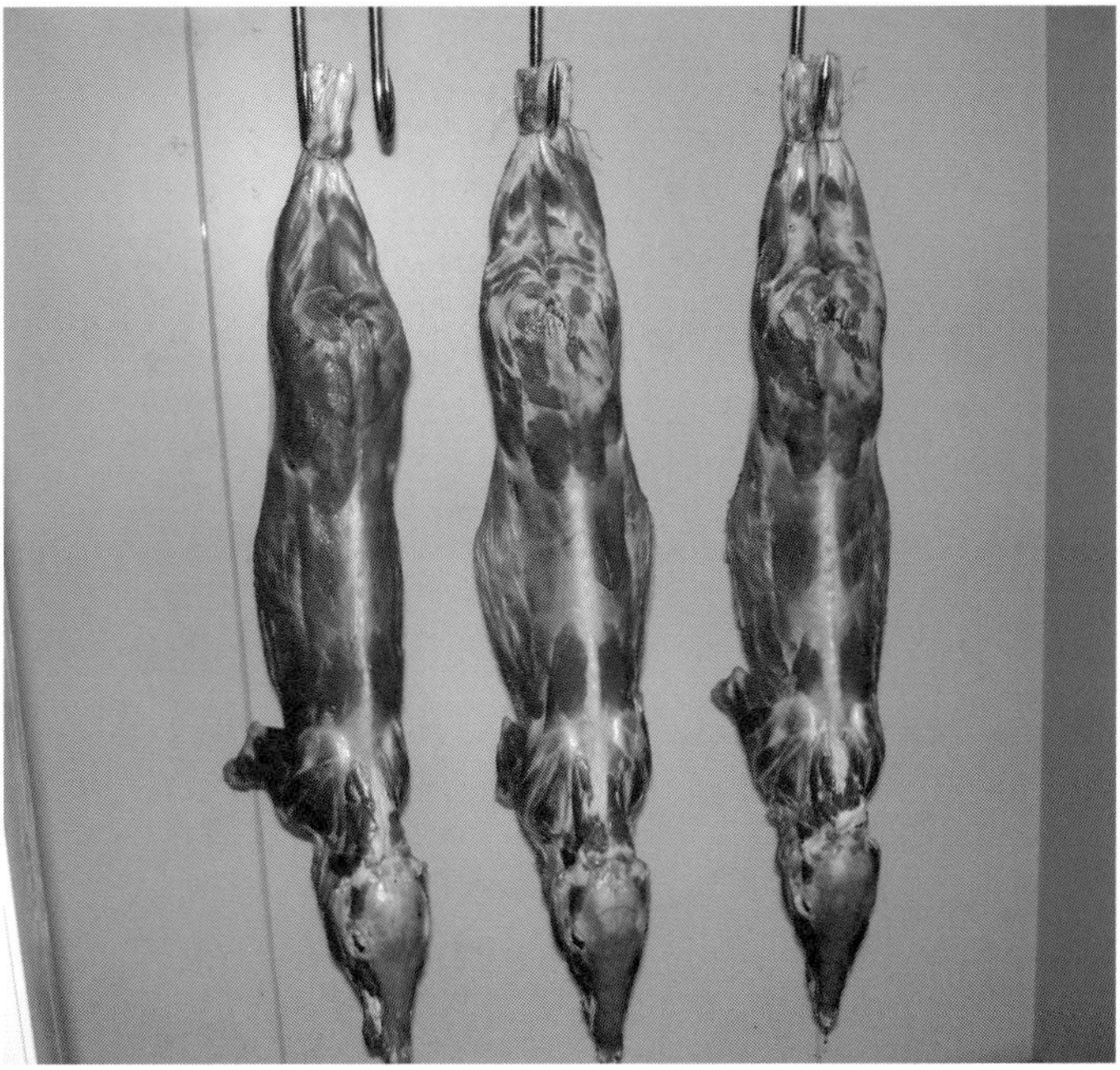

解体処理した肉を、処理場の保冷庫で熟成させているところ
処理の手順は、まず運搬箱の中にいるイノシシにホースで水をかける。じっとするので、お手製の槍（刃渡り10㎝）をのどもとに刺す。動脈が切れ、スーッと血が流れ、眠るように倒れる。心臓を刺すと、すぐにバタッと倒れるが、血液が体内に残り、臭くなってしまう。

箱ワナや囲いワナには夏場にこそ多くのイノシシが入るのだが、従来の商業ベースから考えると、それを「特産」化して、新たな食として受け入れられる余地はない。

●気温の高い捕獲現場で屠殺するから、臭くなる

イノシシを「資源」化するにあたってのポイントは、食べる人にとって一番気になる「肉に臭みがあるかどうか」その一点だ。

まず、冬場のイノシシは、気温が低いために肉質が新鮮な状態に保たれ、解体処理に多少時間がかかっても鮮度に影響が少ないと考えられる。ただし、屠殺・放血方法が悪く、解体に手間どると脂肪たっぷりの冬肉でも臭くてまずい肉になる。

臭くなるのは、肉の赤色のもとであるタンパク質によって脂肪の酸化が早く進むからである。特に夏場、捕獲現場で屠殺すると、気温の高さと、放血・解体技術の未熟さも手伝って、どうしても鮮度が悪くなる。また、屠殺後に捕獲現場近くの小川でイノシシを冷却するなど不衛生なケースもあった。

そこで臭みを発生させない夏場の処理技術と、現地捕獲場所から生体のまま処理場に運搬する方法を考えた。

囲いワナから運搬箱にイノシシ（50kg の成獣）が移った瞬間

運搬箱は、ウリ坊から70kgの成獣まで入る。ただし、1～3カ月のウリ坊は、網目が10cm未満でないと逃げてしまう

●イノシシを生きたまま処理場まで運ぶ「運搬箱」

重要なのは、運搬箱である。捕獲場所から処理場まで生きたままイノシシを運ぶ小さな移動オリのことである。運搬後は、処理場で屠殺することになるので、すぐに冷却冷蔵でき、夏場の温度に左右されない。

また、捕獲現場で銃器で処理したイノシシと比較して、血抜きが数段よく、肉質の鮮度が保たれるという利点もある。銃器を使用しないということは、農家主体の駆除班で対応でき、暴発事故などを未然に防止することにもつながっている。

美郷町では新たな駆除班を創設したため、排他的な〝縄張り〟による狩猟原理が働かない。農業者主体の駆除班が「おおち山くじら生産者組合」となり、組織力を活かして運搬・屠殺・解体・包装・販売の分業体制を敷いた。迅速な解体処理と処理工程に応じた複数のチェック機能が働くため、最終段階で悪いものが精肉として残らない簡易なシステムになっているのだ。

しかし、頭の中で理解できても、すぐに現場で実践できなかったことはいうまでもない。美郷町が誕生する以前、旧邑智《おおち》町の駆除班員や旧大和村の駆除班員六〇人の前での

イノシシを生かしたまま運搬箱をトラックに載せ、加工処理施設へ

囲いワナから六〇kgのオスのイノシシを運搬箱に移す実演や、時間がかかっても銃は使わず運搬箱を利用するよう指導を繰り返すことで、処理場までの生体搬送が通常化した。

●「今まで食べたイノシシとまったく違う」

このようにして夏肉の「臭い」「まずい」の課題を克服し、赤身でヘルシーな夏場イノシシ肉〝山くじら〟が誕生したのだ。

山くじらを食べた消費者、プロの料理人から「イノシシの味がしないのでイノシシといわれなければ何肉かわからない」「においがしないのでイノシシらしさがない」「今まで食べたイノシシとまったく違う」という感想が必ず返ってくる。

一口食べただけで誰もが他のイノシシとの違いがわかる。

〝夏でもおいしい野趣あふれるイノシシ肉〟として一つの差別化を実現した。差別化とは、世間からの風評被害を避け、本来の山くじらの肉質のよさを前面に押し出すことで、昨今流行の言葉「ブランド」力をつけて、先入観を払拭することである。

●超高齢の町に生産者組合ができた意味とは

「おおち山くじら生産者組合」設立当時に、私は組合組織の真の社会的な役割を考えていた。かつて目にした民家の軒下で会話を弾ませながら捕獲したイノシシを解体し、集落のみんなで分け合う姿は、イノシシは害獣ではなく、資源であることを物語っていた。しかし、高齢化が進行すればするほど、そのようなコミュニティパワーは低下してしまう。

だから、「おおち山くじら生産者組合」を設立することによってそのコミュニティパワーを守るのだ。運搬箱で搬送する機会が増えれば、イノシシの集積率は年々高まり、のちに農家に多少の経費を還元していく循環型のシステムが機能していく。また、イノシシの死骸を土中に埋めていた人にとっては、その労力が軽減する。

つまり、中山間地域の超高齢化の町に住む私にとって、夏場イノシシを資源化することは、単に特産品を生み出すだけではなく、社会の実態に対して機能的役割を果たさなければならない。そのような総合的な地域おこしを視野に入れ、町の未来像を現実に描き、実践しなければならないと痛切に感じる。

たかがイノシシ、されど山くじらなのである。

■イノシシで町が動き出した

イノシシ肉の特産化で人が育った

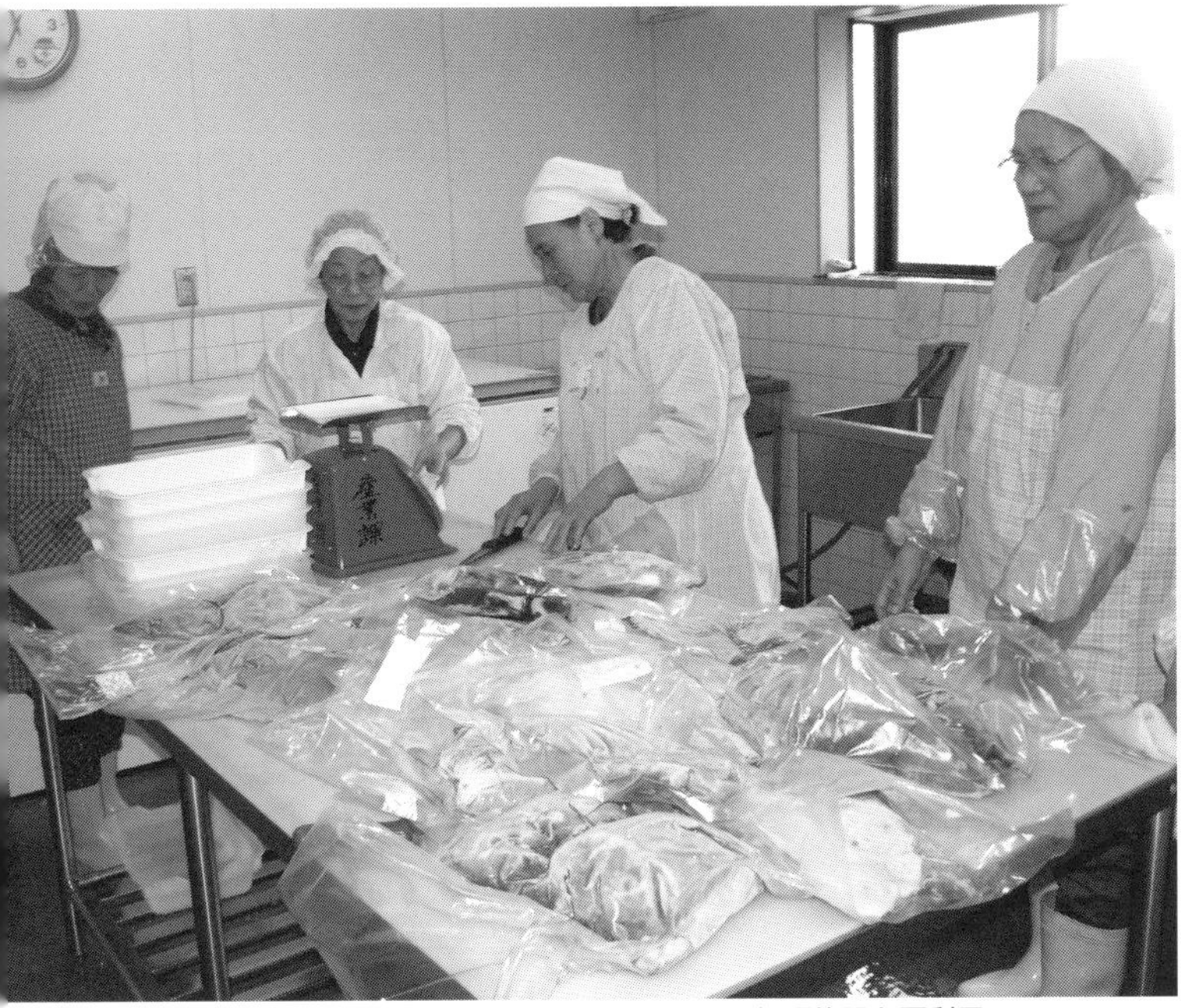
イノシシ肉の加工処理施設。稼動停止中のカモ処理施設を再利用

●被害対策と資源化は別物？

農家を主体とした駆除班の創設、臭みを残さない夏場イノシシの解体処理技術など、「イノシシの差別化」の条件は整ったとはいえ、山くじらの誕生にはもう一つ克服すべき課題があった。特産化が駆除班員にとって被害対策という目的とは違う余分な負担になることだ。つまり、「被害対策と資源化は別物」という価値観である。

このため特産化実現に向けて、イノシシの捕獲現場確認の際に対話によって啓発したり、参加を駆除班員個々の裁量に任せるなど、心理的負担の軽減に努めた。また、夏場イノシシの有効利用の研修会を幾度も開催。山くじらを駆除班員と農家に試食してもらい、味の面からも思いを伝えた。

私は田畑で被害対策に取り組む農家のひたむきな姿勢や、イノシシを捕え、屠殺する技術や実践など、中山間地域で暮らす人たちと、その〝知恵と工夫〟自体を町の特産と位置づけたかった。イノシシの産地である丹波篠山《ささやま》とはまったく異なる山くじらの郷の創出なのだ。

●竹串肉を焼き続けて……

平成十六年六月、駆除班がそのまま「おおち山くじら生産者組合」となって特産化がはじまった。誰もが素人。組合が一枚岩にならない状況に加え、一〇年近く稼動停止だったフランスガモの食鳥処理施設を再利用したため、肝心の真空包装機や肉を薄く切るスライスラーは壊れ、保冷庫もなく、唯一、当時の冷凍庫が使える状態からの船出だった。集積したイノシシのロースやモモは丸ごとビニール袋で冷凍保存した。

地元では「イノシシは人からもらうと食べるが、買ってまでは食べない」という声もある。そんな食文化での販売だ。冷凍庫は夏肉でいっぱいになり、どこからともなく「肉が売れない」「本当に大丈夫か」という風評が聞こえてきた。しかし、小さな町が全国に誇れる町になるかもしれないこの千載一遇の瞬間を逃せば、生涯を賭けるに値するチャンスは二度とない。そんな思いが唯一の支えだった。

毎週日曜の夜、イベントの串焼き用に竹串をつくり、週末その竹串に刺した肉を焼くことの繰り返し。その姿は昔の依存体質の鳥獣対策とは無縁の姿だ。山くじらの「どさまわり」という言葉が似合う。

そんな折り、「肉は皿の真ん中に座るメインディッシュです。イノシシ肉に力さえあれば北海道の焼尻《やぎしり》島のヒツジ同様にブランド力がつきます」という洋食関係者と出会い、口コミで美郷町のイノシシ肉は徐々に広まった。インターネットに頼らず、「いいものは口コミで」という当初からの信念が結実したのだ。売り先はジビエといわれる獣肉料理のフランス・イタリア料理店に絞った。鍋物の野菜と違い、需要が気温に左右されないからだ。

●無関係な住民も巻き込んだ

「山くじらは町のシンボルだ」。ふるさと総合学習で山くじらを学んだ地元中学生が発表した象徴的な言葉だ。イノシシの特産化の取り組みがじつは食からの地域おこしだったことに気づいた言葉である。このように特産化はイノシシとは無関係と思っていた住民をも巻き込みはじめた。

私はこの広がりを山くじらの「地産地生」といっている。美郷の地で生まれ、捕殺されていたイノシシを〝山くじら〟として生かすことで、地域住民、そして町が活かされ、「人」を中心に輪が広がるよう願いを込めた造語である。

イベントでふるまわれるイノシシ肉。今やイノシシは地域資源

その立役者は農村女性だ。農村女性のパワーなくして町の未来を語ることはできない。母ちゃん動けば、父ちゃんも動き、地域が動くのだ。

●イノシシ佃煮、イノシシ弁当

美郷町では現在、山くじらを佃煮や弁当などに加工する「おおち山くじら倶楽部」が活躍している。「おおち山くじら生産者組合」の加工部門として、農村女性がイノシシの資源化に参画した形だ。これまで町では表立ってその腕前を知られることのなかった野菜や漬物づくりの隠れた達人集団だ。販売や営業の達人、人をもてなす生け花の達人もいる。

それまで山くじらの売り方は精肉だけだったが、加工品が加わり特産の幅が広くなった。同時に住民の食卓により身近な食材となった。また、惣菜製造施設は平成十九年三月に廃止された給食センターを再利用している。さびしさを助長する廃止施設が町のかけがえのない食文化の継承拠点に生まれ変わったのだ。

●「脱補助金依存」で人が育つ

イノシシとつきあって丸一〇年。山くじらを取り巻く人々の営みは「過疎」「少子高齢化」という言葉にしばられない元気さがうかがえる。そこに住民の主体性があるからだ。主体性は現場の心を育てることで成長する。

補助金依存の体質だと、行政処理の都合で何でも数値化して地域の個性を押し殺してしまう。これだと全国同じ市町村の表情をつくりだしてしまうことになる。特産品を開発するにしても、モノをつくるために補助金を導入したのに、モノが育たない。なぜか？　モノを育てる前に人を育てることを忘れているからだ。人をダメにすることは簡単だ。しっかりお金やモノを与えさえすればいい。人を育てるにはお金を与えず、忍耐とやる気を喚起する環境をつくることだ。つまり、地域づくりは人づくりなのだ。

害獣と忌み嫌われたイノシシによって、人が、町が動き出した。イノシシは語りかける……地域おこしは人おこし、すべては人づくりからはじまるのだ、と。

獣害に強い畑づくりの見本園「青空サロン」

イノシシがつないだもう一つの空間「青空サロン」。「鳥獣対策の忘れもの。サルやイノシシばかり気にして、野菜をつくる楽しみや収穫する喜びを忘れていませんか……」の問いかけではじまった行政枠のない住民参加型の「獣害に強い畑づくり研修会」。主催したのは町内八つの集落からなる吾郷地域の婦人会だ。

会場はサルの被害で耕作放棄されていた二反ばかりの畑。鳥獣対策の研究者の指導や助言のもとに、

・野菜や果樹がたくさん収穫できる植え付けやせん定の方法
・放任果樹にしないための果樹の低樹高栽培
・サルの追い払いやイノシシの防護柵設置

などを自らが実践している。サロンで学んだことを各家庭で実践するなど実用性のある情報を収穫する場でもある。

二〇〇八年夏にはサロンの近くにわずか八㎡の手づくり市場（直売所）も完成した。生い茂るクズを除草し、山からスギの丸太を切り出し、お父ちゃん、お母ちゃん男女問わず参加して手弁当で建物を建てた。

毎週水曜日に開かれる市場は回を重ねるごとに野菜や果物、さらには「おおち山くじら倶楽部」の商品など、品数も増えてきた。サロンで学んだ成果が農産物として市場に並んでいる。お店の少ない地域なので、市場はお年寄りに大好評だ。

第1章

イノシシと人間との関わり

写真１　イノシシの頭

イノシシの被害を防ぐには

イノシシの農作物被害が日本各地で広がっている。一九六〇年代以前には考えられなかったことが現実となっている。

「ちょっと前までイノシシなんていなかった。作物をやられるからとにかく獲ってくれ」

イノシシ対策の研修会でよく聞かれる声である。

しかし、イノシシにとって好適な生息環境が広がっている場合は、捕獲のみに頼った対策では、農作物被害を減らすことはできない可能性がある。悪くすると、捕獲数が飛躍的に増加すると同時に農作物被害も増加、しかもイノシシの分布域拡大も止まらないという事態に陥る。これでは何のために捕獲をするのかわからない。

こうした状況を回避するためには、私たちが置かれている状況を知り、野生動物による被害対策の基本的な考え方や対象動物（イノシシ）の特徴を理解して対策を練る必要がある。

そこで、まず、私たち人間とイノシシとの関わりの歴史をひもとき、さらに筆者の調査をもとにイノシシ被害が拡大している理由を考えていきたい。

■農作物被害と人間との関わり■

イノシシと日本人の関わり

日本に棲む イノシシの分類

●南西諸島のリュウキュウイノシシ

イノシシ（*Sus scrofa*）は広大な分布域を持っており、現在はユーラシア大陸の温帯を中心に、西はポルトガルから東は日本列島まで広く生息している。さらに本種が野生化した地域（南アフリカやオーストラリア、ニュージーランド、北南米大陸、太平洋の島々、北欧など）を含めれば、ほぼ全地球的に分布していることになる。

日本に生息する野生のイノシシは、本州と四国、九州に分布するニホンイノシシ（*S. s. leucomystax*）と南西諸島に分布するリュウキュウイノシシ（*S. s. riukiuanus*）の二亜種に分類され、遺伝的な隔たりが大きいことが明らかにされている。

リュウキュウイノシシは北東アジアのイノシシや東アジアのブタとも遺伝的に遠い関係にある（Watanobe et al. 2003）が、ベトナムの大型ブタとは近い関係にあり（Hongo et al. 2002）、琉球列島が大陸と陸続きだった時代に渡ってきたイノシシの遺存種であるといわれている。

●九州以北のニホンイノシシ

いっぽう、ニホンイノシシは北東アジアの系統と非常に近い関係があり、ミトコンドリアＤＮＡを用いた分析から三つのグループに区分できることが明らかになっている（Watanobe et al. 2003）。

これらのうち二つのグループは、それぞれ三六万七〇〇〇～二一〇万四〇〇〇年前と三〇万七〇〇〇～一七万年前に、朝鮮半島と九州の間に存在した陸橋を通じて日本に渡来し、大陸のイノシシとは異なる遺伝的な変化を遂げた（Watanobe et al. 2003）と考えられている。

残る一つのグループは、陸橋が存

在していなかった二万一〇〇〇～一万二〇〇〇年前に日本に渡ってきたと見られている（Watanobe et al. 2003）。この時期のイノシシの渡来は、氷河期であったことから海水面の低下による影響のほか、人為的な移入などが挙げられているが、確たる証拠は存在していない。

イノシシと日本人の関係史

我々人間が日本にやってきたのは、三万六〇〇〇年程前に九州に到達したのが最初である（崎谷 二〇〇九）と考えられている。つまり、イノシシのほうが人間よりも先に日本へ到達していたのだ。そして、そのときからイノシシと日本人との関係がはじまる。

●縄文時代から江戸時代まで

縄文時代のイノシシの分布は本州全域および四国、九州、対馬、五島列島、琉球列島に野生個体群が分布し、北海道南部には人間による移入個体群が存在していたことが知られている（Tsujino et al. 2010）。当初はシカ（Cervus nippon）やイノシシの狩猟が中心だった人間の生業活動が、縄文早期には植物や貝類、魚類の採集・捕獲に移行しはじめ、縄文中期までにクリやドングリ、根茎類など植物性食料の資源利用の集約化が進展した（羽生 二〇〇五）。

これを踏まえると、イノシシと人間の重複生息域では食料資源をめぐる競争がすでに生じていたかもしれない。しかし、縄文文化の発展と気候変動が結びついて生じた日本最初の人口増加がピークを迎えた縄文中期の総人口は、約二六万人（羽生 二〇〇五）と現在の五〇〇分の一程度であり、イノシシに対する人間の影響は限定的であったと考えられる。

その後、弥生時代から一〇世紀にかけてみられる稲作農耕とその普及による第二の人口増加が生じた（鬼頭 二〇〇〇）。これによって平安時代末期までに総人口は六〇〇万人程度に達した。また、水田稲作農業の伝搬後、人間による森林の破壊力は縄文時代よりもはるかに強くなった（安田 一九八〇）。

これは開田や木製農具の作製、土木・建築材を目的とした伐採の結果によるもので、とくに沖積平野とその周辺の平地林で影響が顕著であった（安田 一九八〇）。その結果、人間活動が活発だった沖積平野近辺でイノシシは多くの生息地を失った。また、農地の成立・拡大によって本種による農作物被害が

写真２　イノシシの親子

発生し（千葉　一九五五）、害獣としての立場が確立したのもこの時期である。

　ただし、農地とならなかった丘陵や山地には森林が残存し（安田　一九八〇）、イノシシの分布域を維持するのに十分な環境が提供されていたと考えられる。このことは、縄文時代と同様の地域に江戸時代にもイノシシの生息が確認された（Tsujino et al. 2010）ことからも支持される。いずれにしても日本列島への人間の渡来以後二回の人口増加では、イノシシの分布を縮小させるほどの影響力を人間は持っていなかった。

　第三の人口増加は、農業社会での経済システムの変化（市場経済化）にともなう人口変動であり、一五～一七世紀にかけて生じた。これにより日本の総人口は三〇〇〇万人を超えた（鬼頭　二〇〇〇）。人口が増加すれば人間が占有する資源や土地が増加するため、イノシシに限らず野生動物の生存に影響を及ぼしたと考えるのは当然だが、一五四三年に伝来した鉄砲の全国的普及も野生動物の生存を脅かす要因となった（詳しくは62ページ参照）。

●強烈な捕獲圧と生息地破壊

　明治時代に入るとイノシシは全国的に減少し、その分布は本州南部、四国、九州、琉球列島に縮小した（Tsujino et al. 2010）。

　本種の分布域縮小の原因の一つには、明治政府による野生動物の捕獲解禁が考えられる。これにより各地でイノシシ猟が行なわれるようになった（千葉一九九五）。

　さらに、村田銃が開発されて普及したが、一八七〇年の段階で、すでに一五〇万挺の旧式火縄銃が存在したという推計（いいだ　一九九六）を踏まえると、強烈な捕獲圧がかかっていたことが想像できる。また、人間による山林利用によってイノシシの生息地自体が縮小していたことも指摘されている（高橋　一九八〇）。焼き畑や薪炭林など強度の山林利用は太平洋戦争後まで続き、イノシシの好適生息地が狭められていたと考えられる。

●豚コレラ、口蹄疫、牛疫

　開国直後の明治時代の防疫体制の不備がイノシシの減少に関係した可能性

もある。イノシシの伝染性疾病としては、豚コレラや口蹄疫、牛疫、日本脳炎、狂犬病、炭疽、出血性敗血症、ブルセラ病、豚水胞病などが存在する。

たとえば豚コレラウイルス(*Flaviviridae Pestivirus*)は、胎盤を通じて胎児に感染する能力があり、胎児の免疫機能の発達が不十分な妊娠初期に妊娠メスが感染すると流産や死産を引き起こし、妊娠期間の遅い段階の感染では短命ながらウイルスを散布し続ける個体の出生につながることが確認されている(Artois et al. 2002)。

また、典型的な豚コレラの感染形態である出生直前期感染では、その症状から急性(極急性と亜急性を含む)と慢性(死亡前に三〇日を超える発症期間が確認された場合)に分類されるが、急性の場合には四週間以内の発症期間を経たのち完治する(一時感染)か、死に至り(致死感染)、その死亡率は九〇%程度に達する場合もある(Artois et al. 2002)。

豚コレラだけではなく口蹄疫もイノシシに重篤な症状を発症させる(Pinto 2004)。イノシシ自体は口蹄疫の未発症キャリアー(ウイルスの運搬者)にはならないが、発熱、激しい流涎症《りゅうぜんしょう》(よだれが垂れる症状)、口や指間、蹄の周囲、乳首などに見られる液胞とその糜爛《びらん》が生じることが知られている(Pinto 2004)。日本では一八九九～一九〇八年にかけて口蹄疫と疑われる症状がウシで確認されている(山内　二〇一〇)。

また、牛疫は一八七三～一八七七年にかけて日本で大流行し、その後も一九二二年の徳島・香川両県での最後の発生まで流行を繰り返したことが記録されている(山内　二〇〇九)。

●野生動物への感染と防疫対策

こうした感染症が野生動物の間に蔓延するためには、輸入された屑肉や生ごみ、病死した家畜の死体など人為的にウイルス汚染された食物や、感染した家畜、未発症キャリアーなどと野生動物が高密接触するなど特殊な条件が必要となるが、国内での感染症の防疫対策が整うまでの間、多くのイノシシが犠牲になった可能性もある。

豚コレラが蔓延すればイノシシが絶滅するのではないかと聞かれることがある。しかし、豚コレラで急性の症状を発症した後に回復した個体は高中和性の抗体を保持することや、成獣では死亡率が低いことがしばしば起きることから(Artois et al. 2002)、豚コレラ単独の原因によってイノシシが絶滅することは考えにくい。また、豚コレラが家畜のブタに蔓延した場合の社会的なダメージは計り知れず、安易な考えによる対策は禁物である。

近年の分布域の拡大とその背景

太平洋戦争後しばらくの間は、イノシシ分布域が一部に限られていたため、その農作物被害は局所的問題であった。

しかし、近年になってその分布域は急速に回復し、最近では宮城県や山形県、新潟県を含めた四三都府県（平成十九年度）で本種による農作物被害が報告されている。

●ヨーロッパでも拡大中

じつに不思議なことではあるが、日本と時を同じくしてヨーロッパでも、イノシシが近年分布域を急激に拡大している。

ヨーロッパでの分布域拡大の原因としては、捕食者の欠如や、野生動物の捕獲に対する規制、人為的な放逐、給餌、積雪量の減少、人間による土地利用の変化が挙げられているもの（Erkinaro et al. 1982、Saez-Royuela and Telleria 1986、Debernardi et al. 1995、Nores et al. 1995、Peracino and Bassano 1995）、根源的な原因はつかめていない。

●捕食者オオカミの絶滅

日本でイノシシの分布域拡大がなぜ発生したのか、ヨーロッパと同様に正確なことはわからないかもしれない。しかし、既存の研究結果から、その一端をうかがい知ることができる。

先述した本種の分布域拡大原因のうち、「捕食者の欠如」は、ハイイロオオカミ（*Canis lupus*）が明治時代に絶滅していることから、間接的な原因として作用していると考えられる。

いっぽう、ヨーロッパで見られるような積極的、恒常的な給餌（Mazzoni della Stella et al. 1995、Calenge et al. 2004、Geisser and Reyer 2004）や放獣は分布域が拡大し始めた当時に行なわれていなかったことから、これらが分布域拡大の原因であったとは考えられない。

●積雪が少ない地域でも

イノシシは三〇cm以上の積雪で移動を妨げられ、その状況が長期間持続すると生息が困難になる（常田・丸山　一九八〇）が、もともと積雪が少なかった地域でもイノシシの分布域が拡大していることから、「積雪量の減少」も主たる原因ではないと考えられる。

では残る「人間による土地利用の変化」や「野生動物の捕獲に対する規制」は、イノシシの分布域拡大の主たる原因になり得るのだろうか。島根県での事例をもとに考えてみよう。

分布域回復の原因を探る

島根県での分布域の変化

日本のほかの地域と同様に、イノシシは古くから島根県の各地に分布していたが、一九〇〇～一九四五年頃にはほとんどの地域で生息しなくなった（島根県農林水産部　一九九七、図1）。

一九七〇年頃までは分布域も一部に限られており、生息数も少なかったが、その後拡大して一九八五年頃には隠岐島と島根半島部を除く県下全域に分布が回復した（島根県農林水産部　一九九七）。

ちなみに島根県農業共済組合連合会の水稲被害に対する共済金支払いデータでは、一九七〇年代から一九八〇年代にかけてイノシシによる被害が島根県の西から東側に向けて拡大している。

どのような環境を好むか？

筆者らは、イノシシがどのような環境を好んで利用しているかを把握するため、島根県西部の浜田市と金城町、弥栄村で、ラジオテレメトリー法による調査（一九九四～一九九七年に実施）と、痕跡調査（同じく一九九六～一九九九年）を行なった（小寺ほか二〇〇一）。

●調査地域・島根県西部の概要

調査地域の総人口は五万四一九二人（人口密度一二五・三人／km²、二〇〇〇年時点）、総面積は四三二・四km²で、そのうち八〇・八％（三四九・三九km²）を森林が占めていた。また、森林面積の六三・四二％（二二一・五七km²）が広葉樹林であった。調査地域の標高は〇～一〇六九mで、標高三〇〇m以下の地域では海岸線に沿って小規模の沖積平野が分布し、標高

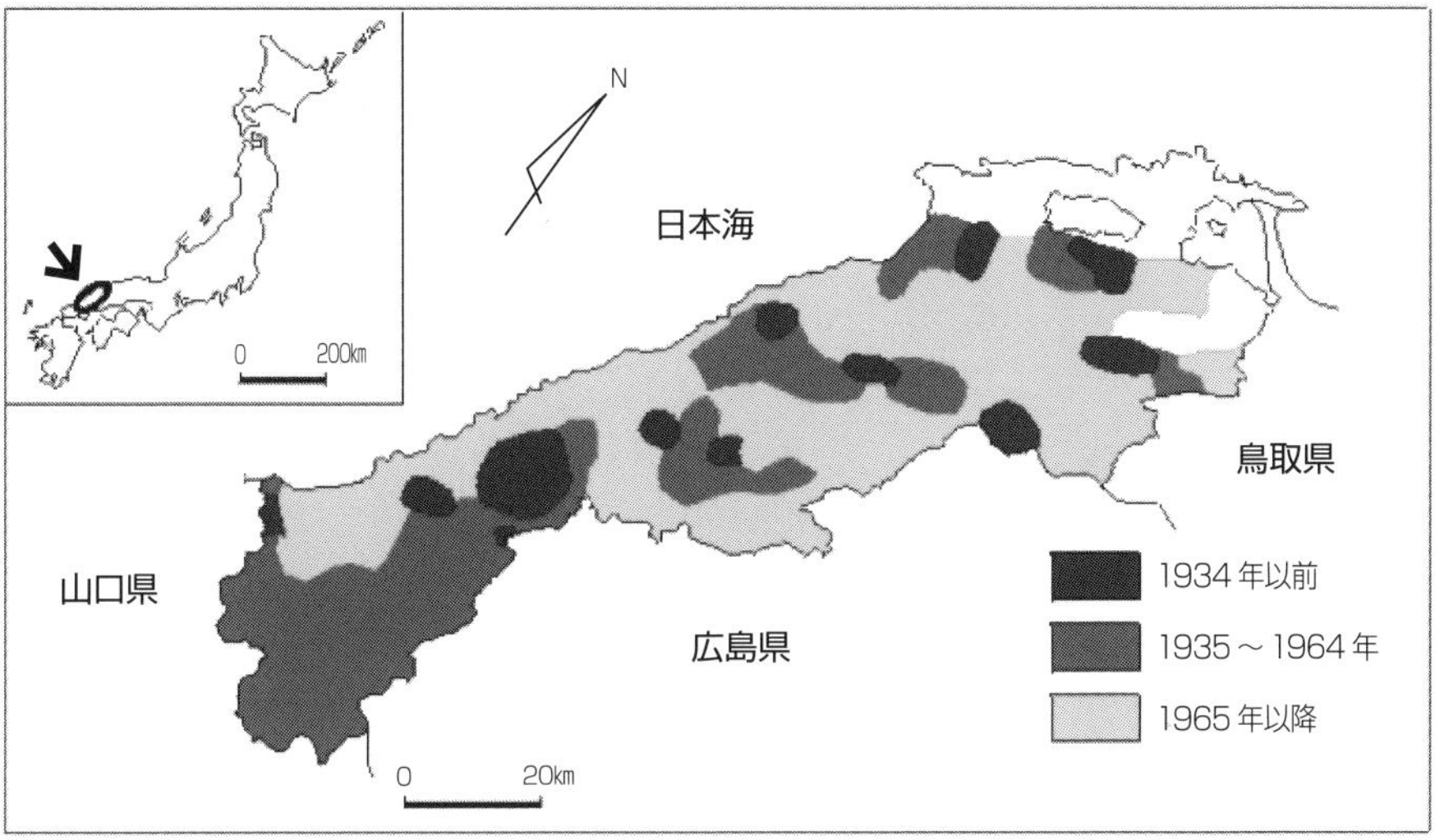

図１　島根県でのイノシシ分布域の変遷　（高橋　1980を基に作成した）

三〇〇ｍを超える地域は隆起準平原が発達している（宮脇　一九八三）。

　これらの地域は日本海型気候区に属しており、山地を中心に冬季季節風による降雪がある（宮脇　一九八三）。浜田市の年平均気温は一五・五℃、年降水量は一四七一㎜である。植生は海抜六〇〇～七〇〇ｍを境に、上部のブナクラス域と下部のヤブツバキクラス域に分けられる（宮脇　一九八三）が、調査はもっぱらヤブツバキクラス域で実施した。

　ヤブツバキクラス域の自然植生は照葉樹林であるが、一九五〇年代後半までの薪炭林利用により二次林のコナラ群落が形成されていた。薪炭需要の低下とともに伐採されなくなった結果、調査を実施した当時で林齢四〇～五〇年の林が四四・五％（島根県森林整備課）ともっとも広い面積を占めていた。

●電波発信機と痕跡による調査

　ラジオテレメトリー法は、対象の動物に電波発信機を装着して放獣し、離れた場所から電波を受信することで、動物の情報を収集する手法である。この調査では、電波発信源の測位によってイノシシの滞在場所を推定し、その場所の環境を調べた。その上で、各環境でのイノシシの滞在地点数と、それらの環境が調査地域内に占める割合を比較し、Neu et al.（一九七四）の方法にしたがってイノシシの環境選択性を明らかにした。

　また、痕跡調査では、広葉樹林と針葉樹林、水田、竹林、水田放棄地（全九三カ所）を踏査して、イノシシによる掘り起こし跡と泥浴び跡の数を記録した。そして、各痕跡が一様に分布していると仮定して、調査地区面積から痕跡ごとに期待値を求め、それと実際の痕跡数との偏りを検討することで、ラジオテレメトリー調査と同様に、イノシシの環境選択を明らかにした。

●広葉樹林、水田放棄地、竹林

その結果、島根県に生息するイノシシが、広葉樹林と水田放棄地、竹林を選択的に利用していることが明らかとなった（小寺ほか　二〇〇一）。

イノシシが利用していた広葉樹林のほとんどは、草本、灌木などの下層植生が繁茂しており、格好の休息・避難場所をイノシシに提供していた。また、調査地域では、イノシシが夏に草本の新芽、新葉を、秋には草本の根・塊茎や堅果類を採食していた（小寺・神崎　二〇〇一）が、広葉樹林ではこれらも供給されていた。

水田放棄地では一年を通じて掘り起こしが多く確認された。この環境は一年を通じて十分な量の植物で被覆されており、イノシシにとっては安心して活動できる環境だった上に、草本の葉茎や根などのほか、両生類などの動物質といった食物が供給されていた。

また、夏には泥浴び場所も多く存在していたが、調査地域内三〇五カ所の水田放棄地のうち一八六カ所（六一・〇％）で、泥浴びに必要となる湧き水や用水路跡などの水資源が存在したことも、イノシシがこの場所を選択的に利用した要因であった（小寺　二〇〇一）。

竹林では、晩秋から春にかけて掘り起こし跡が多くなったことから、その時期に利用可能となるタケノコや竹の地下茎の採食場所として利用していたとみられる。

好適な生息環境の成立経緯

ところで、イノシシが選択的に利用した環境が作り出されてきた経緯を整理すると、島根県でのイノシシの分布域回復時期との不思議な一致を見い出せる。

●薪炭林（木炭生産）の放棄

島根県では古くからたたら製鉄が行なわれていた関係で、木炭生産が農家の副業として行なわれていた。明治・大正期に西洋式製鉄技術の定着によってたたら製鉄は衰退したが、鉱山用炭から家庭用燃料炭に切り替えることで木炭生産は続けられていた（柳浦一九七一）。それは、高度経済成長が始まるまで続き、最盛期には山村農家の五〇％が従事していた（島根木炭史編集委員会　一九八二）。

戦後、全国的に拡大造林が進められる中、島根県では木炭生産が行なわれていたために植林が拡がらず、薪炭林が維持されていた。しかし、エネルギー革命による木炭需要の急減や、過疎化の進行によって木炭生産は一九五七年以降激減し（柳浦　一九七一）、薪炭林の管理が行なわれなくなった。こうした薪炭林は、下層植生が回復するなど、徐々に自然の状態に戻っていったと考えられる。イノシシが選択的に利用していた広葉樹林は、こうした形でつくりだされた伐採後四〇～五〇年経過した落葉広葉樹林だったのだ。

●減反による水田の耕作放棄

また、エネルギー革命以降の日本は、高度経済成長を成し遂げた。この間、耕地面積は減少傾向を示したものの、機械化などによって農業の生産性は飛躍的に上昇した。特に水稲は一九七〇年には国内自給率一〇〇％に達し、減反政策が開始された。

水田放棄地は、これ以降に急増し、それにともなって水田に隣接する竹林も放棄された。これらの環境は広葉樹林とは異なり、放棄後まもなくイノシシの好適な生息地へと変貌した。

島根県では、一九四五年頃から一九七〇年頃までの間に、山間部を中心としてイノシシが分布域を少しずつ回復していたが、その後の二〇年間は分布域を急激に拡大させており（35ページの図1参照）、イノシシが選択的に利用していた環境が形成された時期と重なっている。このことから、薪炭林の管理放棄や水田の耕作放棄といった「人間による土地利用の変化」が、島根県でのイノシシ分布域回復のきっかけになった可能性は高い。

捕獲が個体群に及ぼす影響

●捕獲数は全国的に増加

残る一つの原因「野生動物の捕獲に対する規制」は、イノシシの分布域回復に影響したのだろうか。明治時代に比べれば、今日の野生動物の捕獲に対する制度上の規制は厳しくなった。しかし、イノシシの捕獲数は全国的に増加している。島根県でも、かつては年間数百頭レベルだったイノシシの捕獲数が、一九七三年に年間捕獲数一六九二頭を示し、一九九九年には一万頭を超えた。つまり、実質的にはイノシシの捕獲に対する規制が行なわれていないに等しい。

ここで問題になるのは、高い捕獲圧はイノシシの個体数増加を抑止する可能性があり、同時に分布域の回復も抑制すると考えられるが、実際には分布域が回復した点である。捕獲数の急激な増加とイノシシの個体群動態との間に、どのような関係があったのだろうか。

●標識調査による捕獲率

先に紹介した浜田市では、イノシシに対する捕獲圧を把握するための標識調査も実施した。この調査では、一九九四年から二〇〇〇年の間、イノシシ一〇八個体に耳標を装着して放獣した。その後、狩猟や有害鳥獣捕獲によって、標識個体がどのくらいのペースで捕獲されていたかを把握した。その結果、標識個体の七〇％が二年以内に捕獲され（自然環境研究センター　一九九六）、年によっては三カ月の狩猟期間中に四〇％が捕獲されていることが明らかになった。

この地域では、狩猟期間に捕獲したイノシシを一九七〇年前後から兵庫県の丹波篠山に出荷しており、イノシシに対する高い捕獲圧を生み出したと考えられる。

●捕獲個体の生存時間解析

この高い捕獲圧がイノシシ個体群にどう作用しているのかを明らかにするため、著者はイノシシの生存時間解析を行なった。この解析は、二〇〇二年度の狩猟期間に、浜田市とその周辺地域で脚くくりワナ（罠）で捕獲された一六七個体（オス：八九個体、メス：七八個体）を対象に実施した。ちなみに調査期間中の同地域のイノシシ捕獲総数は八二八個体であった。

対象個体は、性別を確認した上、萌出交換法（林ほか　一九七七）で齢査定し、Kaplan-Meier 法（大橋・浜田　一九九五）を用いて雌雄ごとに死亡率と生存率、平均寿命、メスの純繁殖率を算出した。なお、イノシシの重さがきっかけで作動する脚くくりワナでは、若齢個体の捕獲効率が低下するため、分析時には神崎（一九九三）にしたがってその個体数を修正した。また、純繁殖率の算出に必要となる齢別出生率と若齢個体の自然死亡率は、Jezierski（一九七七）の数値を用いた。

●捕獲圧はかなり高いのに

その結果、平均寿命がメスで二〇・八カ月、オスで一八・七カ月となった。この値は、ポーランドの Kampinos National Park 個体群（メス：二四カ月、オス：二一カ月、Jezierski 1977）や、高い狩猟圧がかかっていたニュージーランドの個体群（メス：二五・六～二九・一カ月、オス：二六・八～三二・一カ月、Dzieciolowski and Clarke 1989）と比較しても短く、浜田地域のイノシシ個体群に対してかなり高い捕獲圧がかかっていたことがあらためて明らかとなった。

●個体数増加は抑えられない

そのいっぽうで、メスの純繁殖率は一・二〇に達した。これは、イノシシの個体数が一世代で一・二倍になることを意味しており、個体群が増加する可能性を示している。

単純な話に置き換えると、調査地域にメスのイノシシ一〇〇個体が生息していたとすれば、狩猟期間中に四〇個体が捕殺されるが、次の狩猟期間前までに一二〇個体に増えている計算になる。つまり、きわめて高い捕獲圧がイノシシにかかったとしても、好適な生息環境下では個体数増加を抑止できない可能性が示されたのだ。

なぜ分布域が回復したのか？

●生息地が縮小した明治以降

明治以降、島根県でも本種の分布域は縮小したが、これは他の地域と同様、放牧や焼き畑など人間の過度な山林利用による生息地の縮小（高橋　一九八〇）や高い捕獲圧（千葉　一九九五）が原因と考えられる。

また、疫病の流行もこれに拍車をかけたかもしれない。明治時代のオオカミの絶滅は、イノシシの分布域拡大を推進する要因であったはずだが、しばらくの間はイノシシの生息にとって不利な条件のほうが強く作用していたと思われる。この状況は、数々の疫病対策が進む過程でも続いていただろう。

●生息地が一気に回復した戦後

戦後、工業国として復興するために、日本ではエネルギー革命が進められた。また、島根県では瀬戸内工業地帯への人口流出による過疎化や、減反政策による耕作放棄も進行した。

その結果、好適生息地が一気に拡大し、イノシシは旺盛な繁殖能力を遺憾なく発揮できるようになった。その状況下では、高い捕獲圧だけでイノシシを減少させることが至難の業なのは、調査結果からも明らかである。

捕食者が欠如し、疫病の流行もない状況ではなおさらである。高い捕獲圧は、生息地が縮小していたからこそ、本種を減少させる効果を発揮できたと考えられる。

江戸時代のイノシシ絶滅作戦

イノシシの絶滅に成功した事例は世界的にも少ないが、日本では江戸時代に記録がある。現在の長崎県対馬市（総面積七〇八・八四km²の島）で実施された「猪鹿追詰《いじかおいつめ》」である。

●「猪鹿追詰」の手順

【捕獲区画の設定】大垣（高さ一・八m、総延長一〇八km）で対馬を九区分し、その内側を内垣（高さ一・五m、総延長四九二km）で二×六kmに区分した。追い詰めの際には内垣の内側に追詰垣を構築し、その中にイノシシを追い込んだ。

【刈り剥ぎ】大垣を構えて内垣を構築する前に、イノシシの隠れ場所となる藪を刈り剥ぐ必要があった。一区画四×四kmにつき、刈り剥ぎで一〇〇人×四日、さらに山焼きで一〇〇人×一日を要した。

【垣の管理】事業実施期間中、海端と山路には番小屋と戸を設け、戸の開閉を行なう番人を置いた。また、垣に修復を要する箇所がないか毎日見回った。

【イノシシの捕獲】内垣一区画に対し、六〇〇人×犬二〇〇頭×一日を投入した。一区画につき一日の追い詰めが基本となるが、追い詰め終了後も残存するイノシシの有無を何度も見出し（確認）した。見出しの担当者が業務を怠ったり、見逃しを隠蔽したことが発覚した場合には、罰（計三日間の「さらし」）が与えられた。

対馬には一六八八年頃、猟師が八三三人いたという記録があり、猪鹿追詰の九年間で八万余頭のイノシシが捕獲された。

●先人に学ぶ被害対策

対馬には常田畑（毎年作物を栽培する田畑）と木庭《こば》（焼き畑…山地や斜面の樹木を焼いて跡地に短期間、作物を栽培する移動耕作地）が存在したが、常田畑は総面積の約三％と少なかった。そのため、島の食料供給源として木庭が重要な位置を占めていた。

しかし、木庭は山林に開かれるため、猪垣（木垣）の構築を必要とした。さらに、木庭での耕作は猪垣が破損しない二年に限られた上、周囲の樹木が薪に利用されていたために垣の資材となる木材も限られていた。こうした状況下、対馬での食糧不足が深刻となり、猪鹿追詰に至ったのである。

猪鹿追詰のように、イノシシの「移動制限」と「隠れ場所の除去」をした上で、「捕獲」と「捕獲後の進入防止管理」を実施すれば、現代でも狭い地域であればイノシシを絶滅できる可能性はある。しかし、費用や人員、法律、生態系への影響など多くの問題があるため、絶滅は現実的でない。

むしろ興味深いのは、イノシシによる農作物被害の対策が江戸時代、すでに筆者らと同じような考え方で実施されていた点である。さらに、猪垣があれば木庭で耕作可能であったことも重要である。つまり、イノシシの捕獲は田畑の「守りを固めてから」（第2章参照）実施すべきである。

第2章

農作物被害対策としての捕獲

まずは守りを固めてから

被害は同所条件と競争条件で

野生動物による農作物被害は、「野生動物と人間が同所に存在し（以降、同所条件とする）」、かつ「農作物を介して野生動物と人間の間に競争関係が生じた（以降、競争条件とする）」時に発生する（図2、小寺　二〇〇九）。

たとえば、中国地方に生息するイノシシが九州で農作物被害を起こすことは不可能だし、水田にアマガエルがいても人間との間に競争関係が生じないので、農作物被害は発生しない。

これは単純な話だが、被害対策を論理的に考える上で重要な意味を持つ。

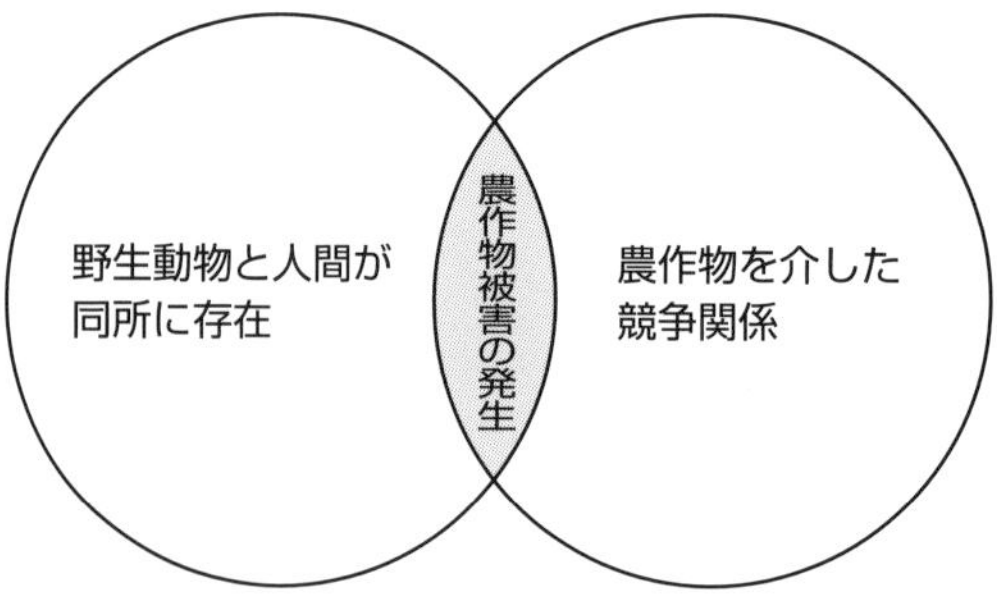

図２　野生動物による農作物被害発生の必要条件

なぜならば、同所条件と競争条件はともに農作物被害が発生するための必要条件であり、どちらかが成立しなければ被害は発生しないからだ。つまり、農作物被害対策とは、それぞれの条件が成立しない状況をつくりだすことにほかならない。

被害対策は四つに整理できる

そこで、各条件が成立しない状況を整理すると次のようになる。

同所条件は「相手を排除した」、「自分が排除された」、または「空間を二分して棲み分けた」の三通りの状況下では成立しない。競争条件は「農作物をなくした」、「農作物を競争の原因とならない資源に変えた」の二通りの状況下で成立しない。このうち、競争条件が成立しない状況の一つである「農作物をなくした」は、農業にとって「自分が排除された」と同義であるので、農作物被害対策は論理的に四つの方法に限られる。

●捕獲・狩猟

具体的に相手を排除するとは個体数調整捕獲および有害鳥獣捕獲、狩猟を意味する。これは生息数が増加している動物に対して重要な対策の一つである。シカのように、放っておくと際限なく生息密度が高くなり、生態系被害を引き起こすような種に対しては、特に重要な手段である。

●農地の移転、農村からの撤退

自分が排除されるとは農地の移転または農村からの撤退を指す。圃場整備などの際に農地を被害が出にくい場所に移転したり、防御しやすい形に変えたりするといった手段がこれに該当する。また、離農で農地が減少して被害が沈静化した場合もこれにあてはまる。

●進入防止柵と環境整備

空間を二分して棲み分けるとは進入防止柵の設置と環境整備を意味する。これは農作物被害対策としてもっとも効果的で確実な方法である。ただし、忌避剤などによる化学的進入防除や爆音機などによる心理的進入防除ではごく短期間の進入防止効果しか期待できない（日本野生生物研究センター　一九九一）ため、物理的な進入防止柵によって境界線を設けることが必要である。具体的には、進入防止柵を設置するとともに、柵内外で草刈りなどの環境整備を行なうことである。

●作付け転換

農作物を競争の原因とならない資源に変えるとは作付け転換による対策で、江戸時代の焼き畑ではイノシシが嫌う有芒《ゆうぼう》品種（のぎの長い品種）のイネやヒエを選んで栽培していたことが報告されている（矢ヶ崎　二〇〇一）。こうした穀物やウメ、チャ、タバコなどイノシシが出没しても被害を受けにくい作物や林地へ転換する方法も被害対策として考えられる。

捕獲だけでは被害が減らない

四通りの農作物被害対策を紹介したが、重要な点は対象種の生態学的特徴や地域社会の状況に合わせて、取り組む対策の優先順位や組み合わせを変える必要があることだ。

一般に「イノシシが山から里に下りてきている」といわれることがある。しかし、私がイノシシの研究をしていた島根県や、勤務していた長崎県を見る限り、「人が山に取り残された」といった表現が当てはまる地域が多いように思う。つまり、敵地（イノシシの好適生息環境）の真っ直中に集落が点在しているのだ。場合によっては、耕作放棄地といった形で集落が敵地に侵食されている。

島根県での研究事例で先述したが、こうした集落で捕獲のみに頼った対策を進めると、労力と出費の無限地獄に陥る危険がある。

イノシシの好適生息環境を残したまま捕獲のみ進めると、捕獲頭数は増加するものの生息数の減少に到らず、農作物被害も減らない危険性があるのだ。

それでは、どうしたらよいのか。幸いなことに、イノシシによる生態系被害はこれまで日本で確認されていないため、当面の課題は農作物被害である。となると、もっとも効果的で重要な対策は進入防止柵の設置と環境整備だ。

これを実施した上で、集落に接近してくる個体をねらって捕獲することで、イノシシによる農作物被害を防ぐことができる（図3）。

サッカーの試合に似ている

この理想的な対策は、サッカーの試合と似ている。

進入防止柵は、まさに野生動物の進入を止めるための対策であり、農地を守るゴールキーパーである。環境整備は、柵の進入防止効果を高めるだけではなく、集落周辺に存在するイノシシの好適生息環境を減らす意味がある。イノシシを農地に接近させないためのディフェンダー（守備陣）だ。捕獲はフォワード（攻撃陣）である。

得点能力（繁殖能力）が高いイノシシに対して、ゴールキーパーや守備陣を欠いたまま攻撃陣を強化しても簡単に得点（被害）されてしまう。しかし、

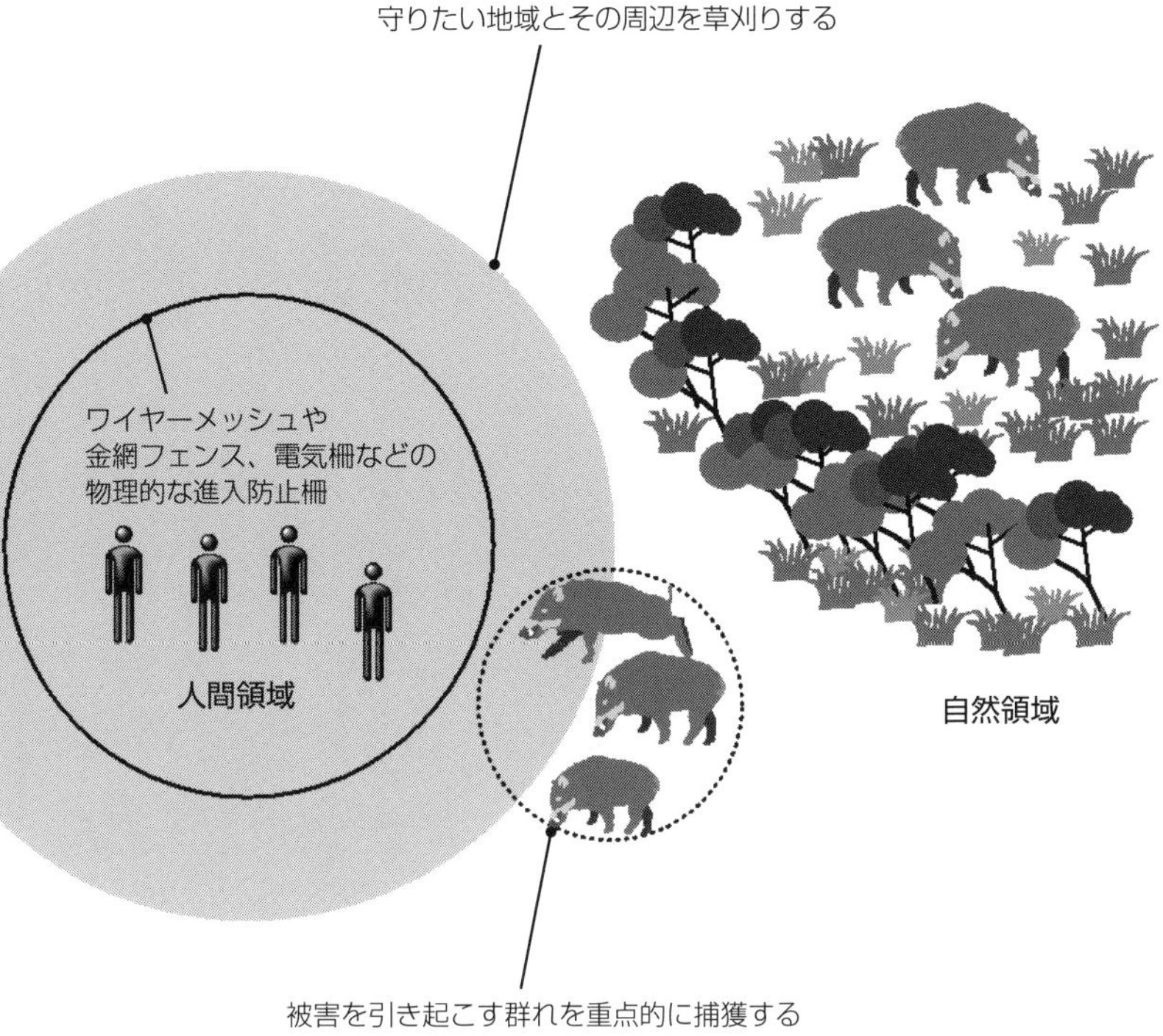

図３　イノシシによる農作物被害対策の基本
まずは進入防止柵を設置し、進入防止柵から外側３ｍ以上の範囲の環境整備を実施する。
その上で、農地に接近する群れを捕獲する。

優秀なゴールキーパーや守備陣を揃えれば簡単には得点されない。その上で、強力な攻撃陣を用意すれば、敵はいっそう攻撃しにくくなる。

サッカーでは引き分けで勝ち点一点がもらえる。イノシシ対策では、捕獲できなくても被害が出なければ、農業ができるという勝ち点をもらえるのだ。

進入防止柵と環境整備から

興味深いことに江戸時代には、石塁や土塁、木垣などによる猪垣が各地で構築されており、捕獲と併用することでイノシシによる農作物被害を防いでいた（矢ヶ崎　二〇〇一）。

江戸時代のような猪垣を構築することは、経費や労働力の関係で困難かもしれない。しかし現在では、猪垣より容易に安く設置できる上に、進入防止効果が高い柵を利用することができる。

たとえば忍び返し付きワイヤーメッシュ柵は、飼育と野生個体を対象としたイノシシの行動学的研究に基づき開発され、野外の実証圃でも三年間にわたって進入防止効果が持続することが確認されている（竹内・江口　二〇〇七、江口　二〇〇八）。

また、適切な設置管理が実施されている簡易電気柵も進入防止効果が確認されている（本田　二〇〇五）。つまり、技術や研究が進んだ現在では、イノシシによる農作物被害への対策は技術的にほぼ完成している。

以上、イノシシによる農作物被害への理想的な対策について記したが、実際には課題も多い。特に、進入防止柵の設置・管理や環境整備について正しい方法で実践している地域が少ないことは問題である。

■農作物被害対策としての捕獲■

進入防止柵による被害防止

設置技術の基本と被害防止

●草刈りと組み合わせること

電気柵や金網フェンス、ワイヤーメッシュなど資材の種類にかかわらず、進入防止柵は草刈りと組み合わせることで高い効果を発揮する。

たとえば、柵の外側に藪が繁茂している場合、イノシシが警戒心を解いて柵に接近し、安全な状況下で柵を学習できるため、内部に進入する危険性が生じるのだ（図4）。人間の膝丈（高さ四〇～五〇㎝）程度の藪が存在すれば、イノシシの警戒心が低下し始めると考えればよい。そのため、少なくともイノシシの体が藪から完全に露呈する程度（三m以上）を目安に藪払い（草刈り）は必要となる。

●柵内の藪地、柵の断絶をなくす

柵内部に藪地を囲い込んだ場合も、イノシシを一緒に囲い込んでしまう危険性が生じる。仮に柵を設置する際にイノシシを追い出したとしても、内側に藪（＝安全地域）があるので「柵さえ越えてしまえば安全である」という気持ちをイノシシに抱かせ、進入される危険性が高くなる可能性がある上、進入したイノシシの発見が遅れることが考えられる。したがって、柵の内側でイノシシの隠れ場所を除去すると同時に、定期的な柵外側の草刈りが必要となる。

また、耕作地の出入り口や道路に面した部分で柵が途切れていると、そこから動物が進入してしまう。柵の断絶箇所が生じないように進入防止柵の設置案を練ることも重要である。斜面地や用水路、河川沿いに柵を設置する際には、図5～7のような注意が必要となる。

●要注意箇所を地図上に整理

具体的な柵の設置計画立案の手順と

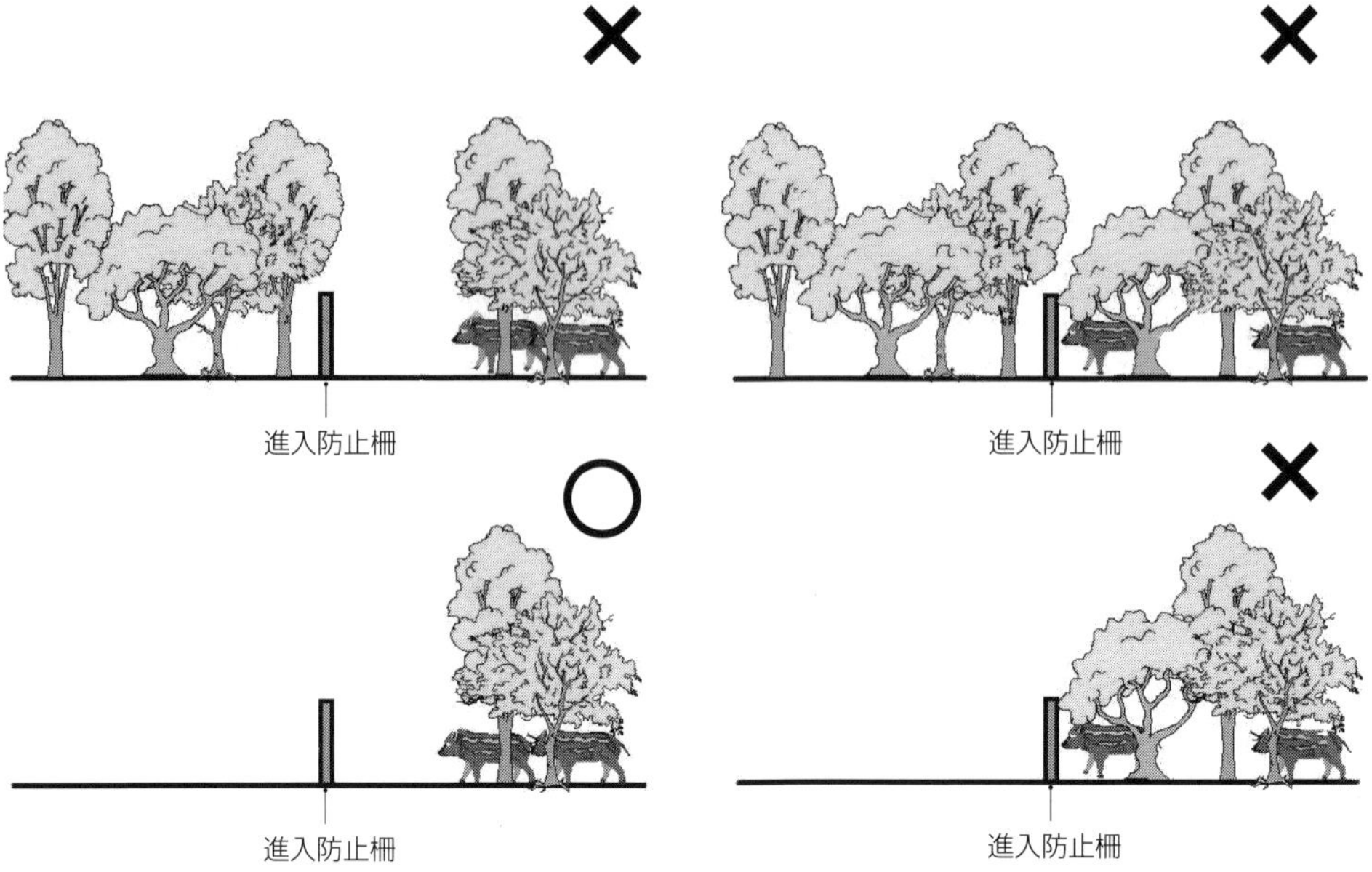

図４　進入防止柵の設置と環境整備
進入防止柵に藪が近接していると、イノシシに柵を探索する機会を与えることになり、進入される可能性が高まる。そのため、進入防止柵の外側で環境整備を行なってイノシシの安全地帯となる藪をなくす必要がある。また、柵の内側に藪が残っていると、イノシシを囲い込む可能性や、柵内部に進入したイノシシの発見が遅れる。そのため、柵内部の環境整備も必要となる。

しては、守るべき場所がどこなのかを確認した上で、地図上に整理する作業を最初に行なわなければならない。この場合、守るべき土地とは実際に耕作している農地や人が住んでいる住宅などのことで、耕作されていない農地などは含まれない。

　次にイノシシにとっての好適生息地を地図上に記録する。同種にとっての好適生息地とは、人間の手が入っていない広葉樹林や竹林、耕作放棄地である。管理が行き届いていない道路や河川は、絶好の移動ルートとして用いられることがあるので、これらも記録する必要がある。

　また、摘果されないカキやクリのほか、堅果類の果実（いわゆるドングリやブナの実など）などはイノシシを誘引するので、柵設置予定地の近辺に分布していないか確認したほうがよい。堅果類の果実が多数落下していた個所

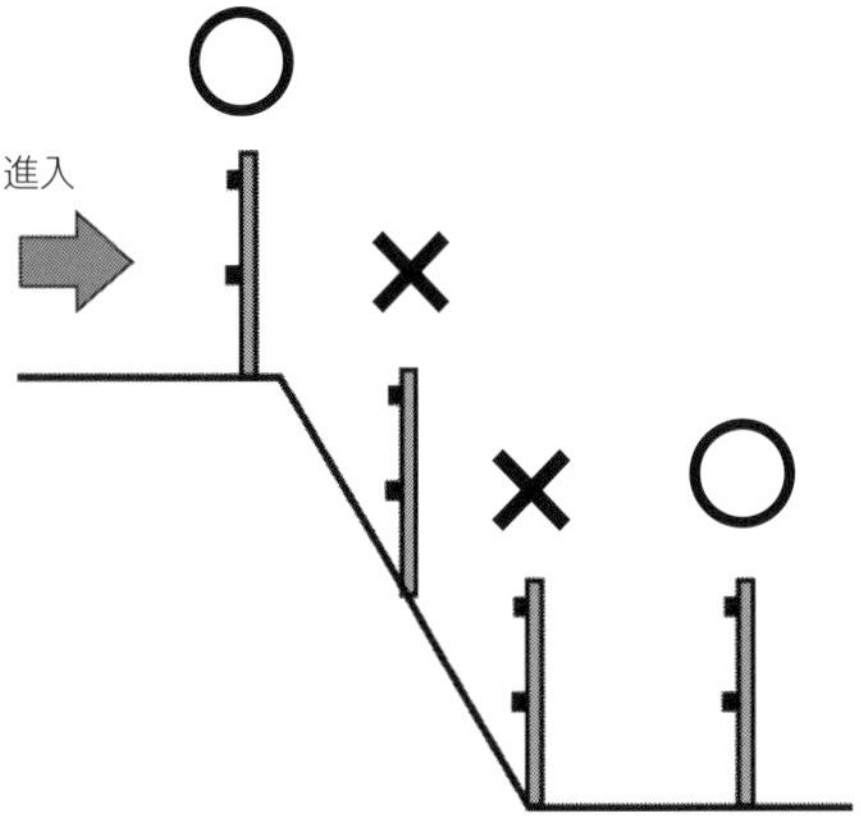

図５　斜面地での進入防止柵の設置方法
斜面途中や斜面直下に進入防止柵を設置するとイノシシが柵を越えて進入する可能性がある。こうした場所では、斜面頂上か傾斜が終わって平らになった部分に柵を設置する。

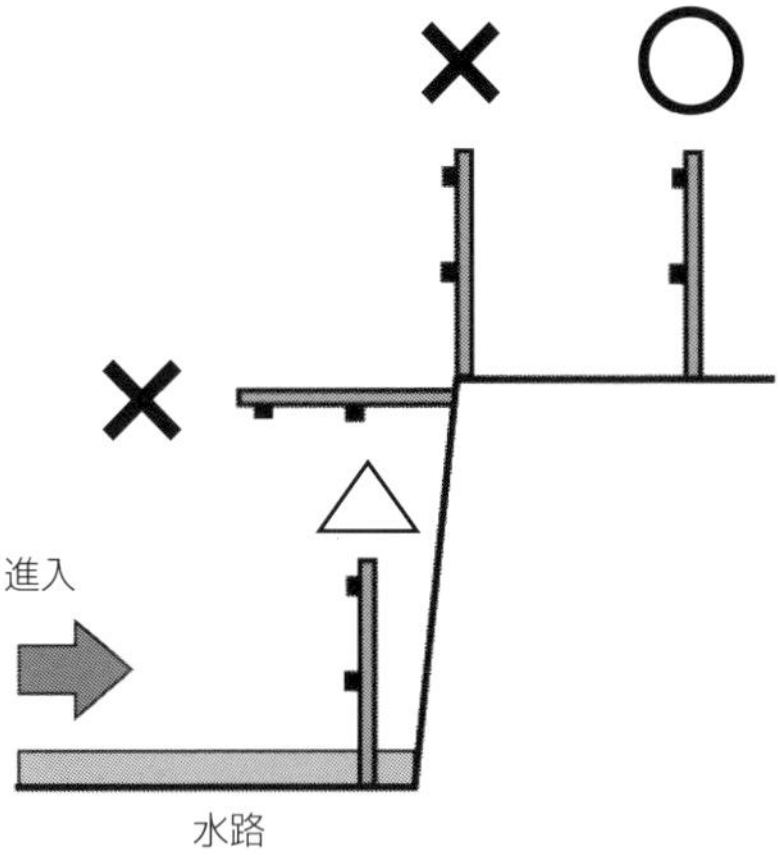

図６　水路沿いでの電気柵の設置方法
電気柵で動物が感電するためには、電牧線と地面に同時に触れている必要がある。また、電気柵ではパルスで電気を流すため、短時間の接触では感電しない可能性が高い。そのため、イノシシが飛び上がっている途中で電気柵に接触しても感電する可能性はきわめて低い。こうした場所では、イノシシが飛び上がって着地した後、数歩進んだ先に電気柵を設置する。

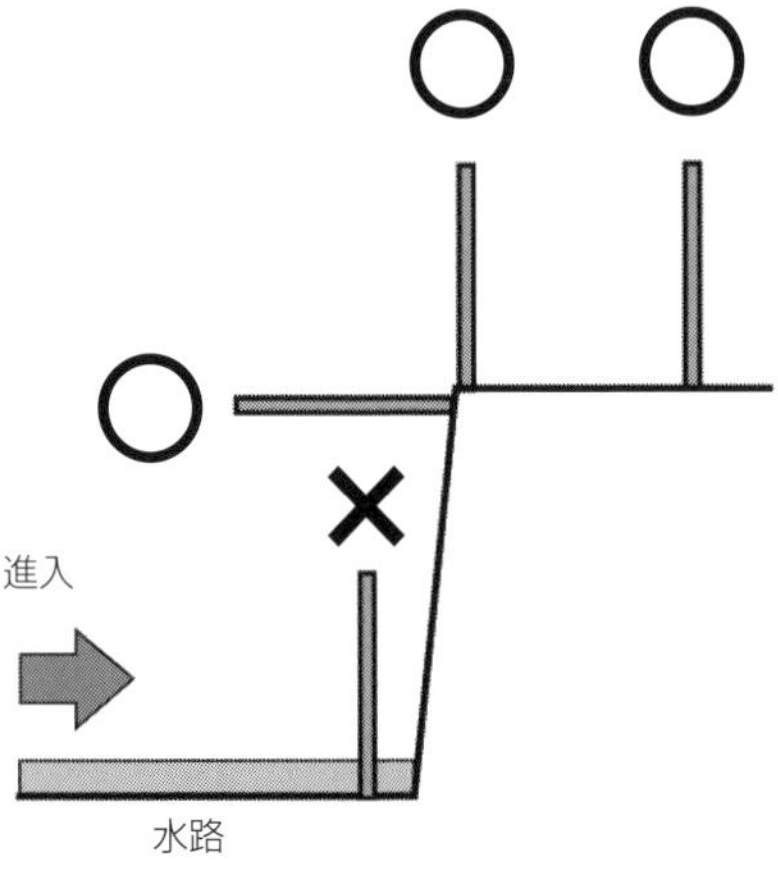

図７　水路沿いでの金網柵やトタン柵の設置方法
金網柵やトタン柵は、水路際に設置した場合も進入防止効果が得られる。ただし、水路側に柵を張り出させるように設置する場合、水路法面の高さが低いと進入される可能性があるので注意する。

で進入防止柵が破壊され、イノシシの進入を許してしまった事例などもあるためだ。

以上を整理した後で、定期的な環境整備をどのように行なうのかといったことも含めて柵の設置計画を立案しなければ、効果的な進入防止柵とはならない。

金網柵の原理と失敗の原因

●通過困難で進入意欲を減退

溶接金網（ワイヤーメッシュ）などの金網柵は、イノシシにとって通過困難な障害物であるため、進入意欲を減退させる精神的遮断効果がある。いずれも柵の内側が見えるので、耕作地のすぐ脇に設置した場合には視覚的遮断効果が期待できないが、一～二カ月に一回程度の除草の頻度で進入防止効果を持続させることができるため、管理にかかる労力を軽減できる。そのほか、恒久柵であるため進入防止効果を持続しやすい、風雪に強い、といった利点がある。

先述したが、より高い進入防止効果が得られる忍び返し付きワイヤーメッシュ柵（竹内・江口　二〇〇七、江口　二〇〇八）も開発されている。

また、環境整備など管理作業用の出入り口を数十メートルごとに設置する必要がある。

●環境の不備、素材の強度不足

これらの柵が突破されるパターンとしては、進入防止柵内外の環境整備が行なわれなかったため、柵近辺に長時間滞在できる猶予をイノシシに与え、柵を破壊されたり、地面を掘られたりした事例や、設置時に柵と地面の間や柵同士の間に隙間が生じている事例、柵素材の強度不足で破壊されている事例がある（図8）。

市販の溶接金網を使用する場合には、線径が五㎜以上で、人間一人の力で簡単に曲がらない素材を選ぶ必要がある。

なお、格子のサイズが一〇㎝以下ならば生後数カ月以内のイノシシ幼獣の進入も阻止することができる（江口　二〇〇八）。格子のサイズが一五㎝程度の場合、一八カ月齢を超える程度の亜成獣と成獣の進入を阻止することができる。また、柵周辺での滞在時間は、格子サイズ一五㎝よりも一〇㎝の柵で短くなることが明らかにされている（江口　二〇〇八）。

電気柵の原理と失敗の原因

●感電させて進入意欲を減退

電気柵は、感電にともなう痛みによって進入意欲を減退させる精神的遮断効果がある。比較的安易に用いられる

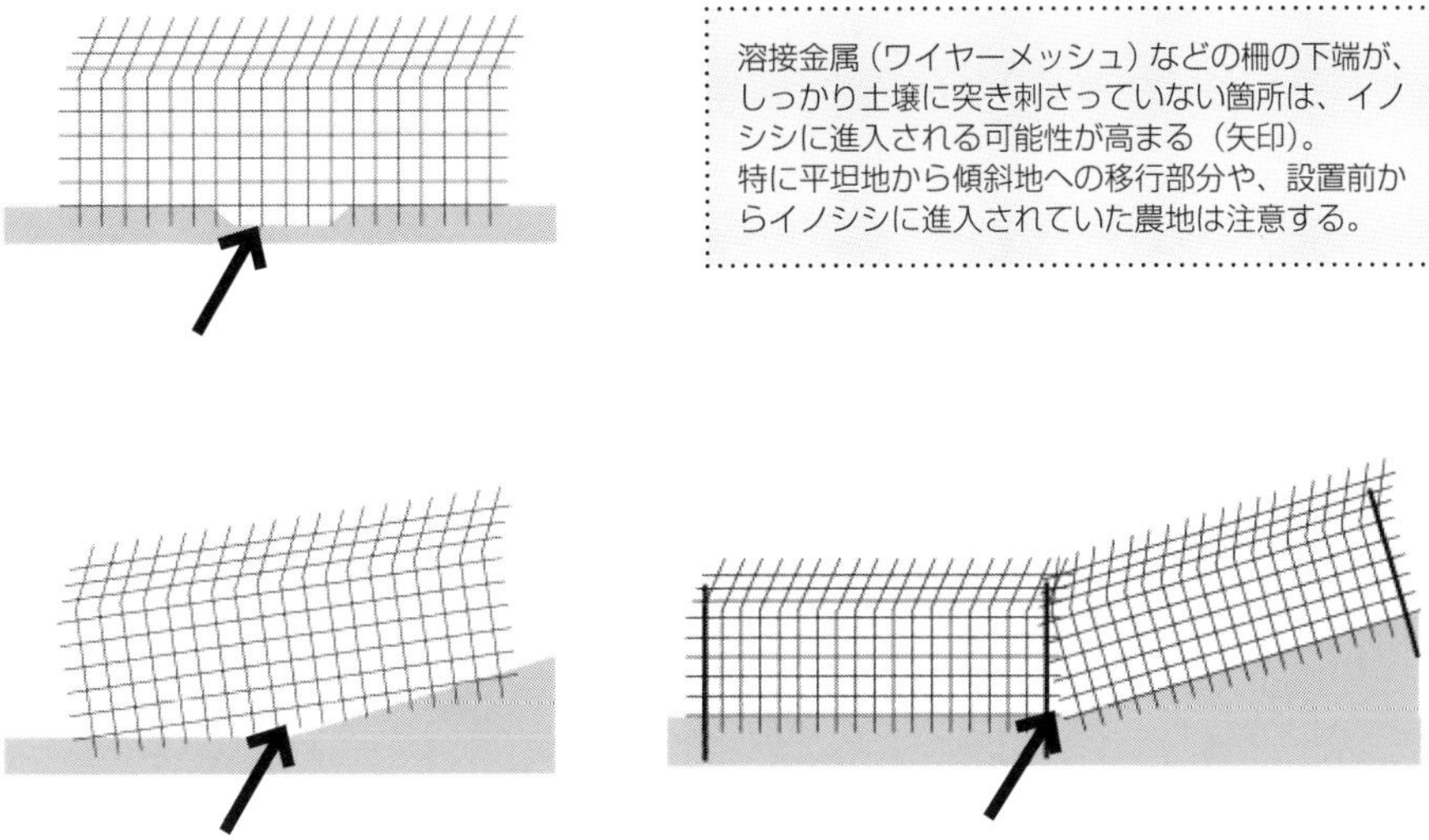

溶接金属（ワイヤーメッシュ）などの柵の下端が、しっかり土壌に突き刺さっていない箇所は、イノシシに進入される可能性が高まる（矢印）。
特に平坦地から傾斜地への移行部分や、設置前からイノシシに進入されていた農地は注意する。

図８　金網柵がイノシシに壊されるおもな原因　―設置時の失敗事例

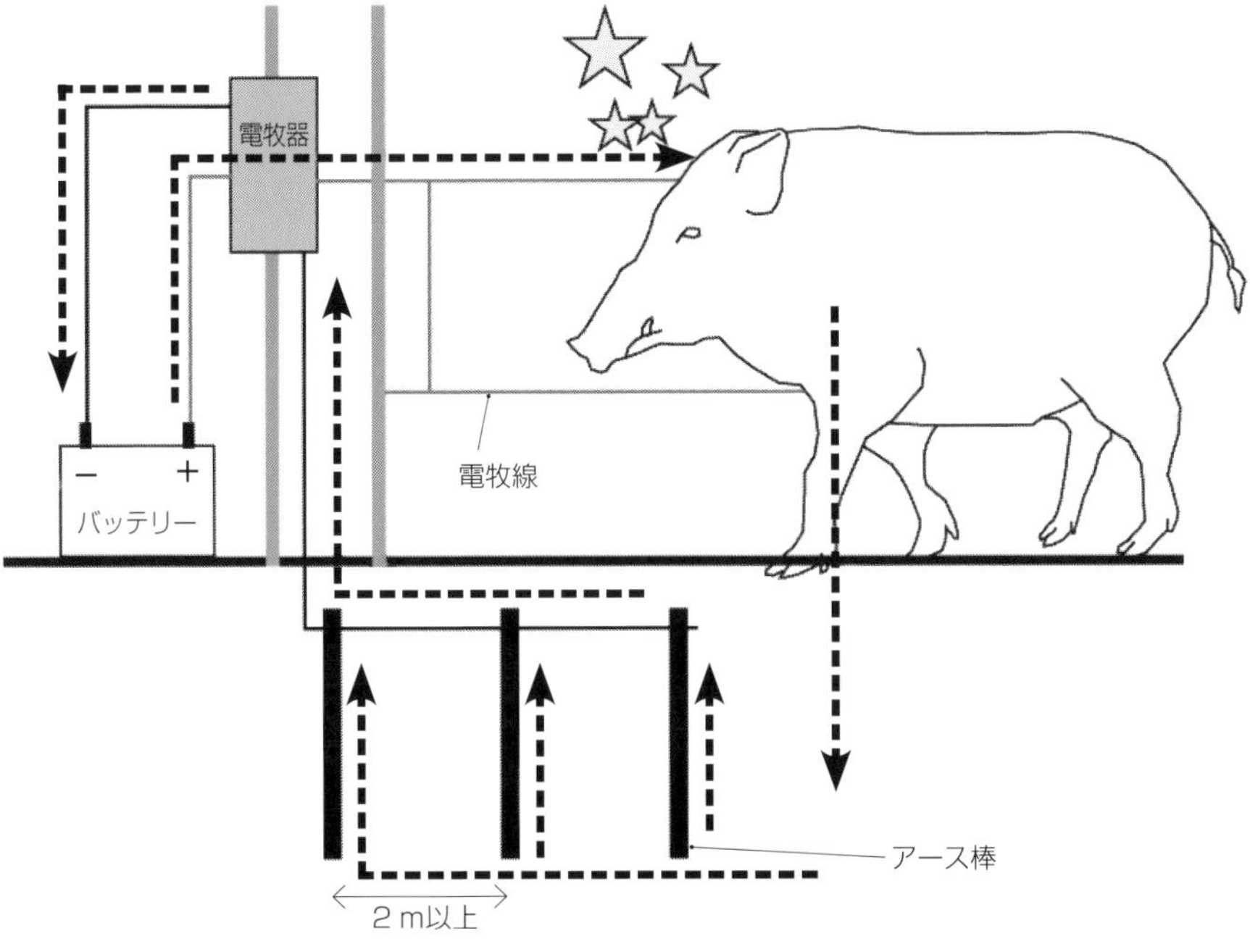

図９　電気柵の構造と仕組み

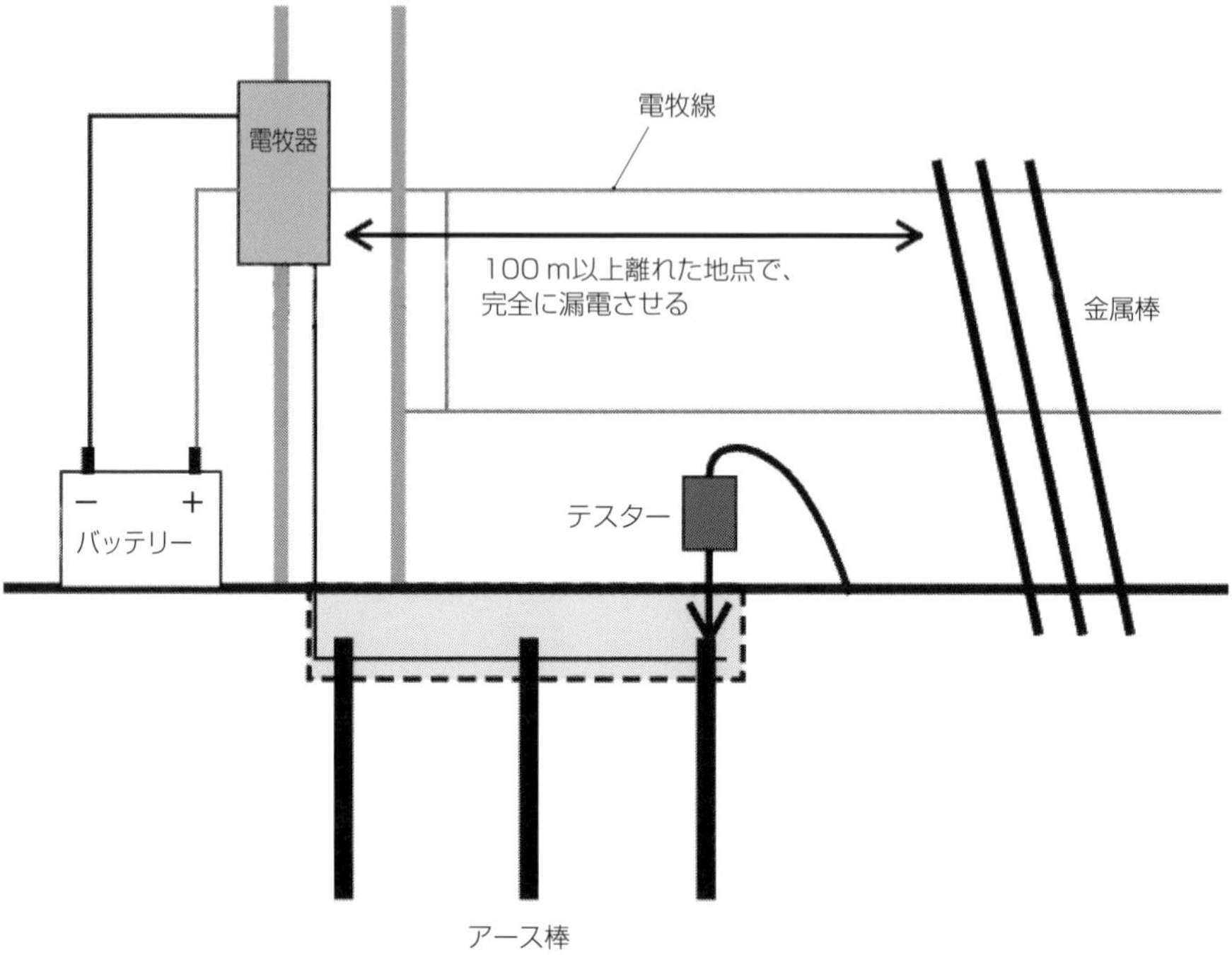

図 10　電気柵設置時のアーステストの実施方法

資材だが、設置や管理の方法を誤ると容易に進入防止効果が失われる。

電気柵は、バッテリー、電牧器、電牧線、アース棒で構成されている（図9）。バッテリーに貯められた電気が、本体→電線→動物→地面→アース棒→本体→バッテリーの順番で流れ、動物が感電するというのが基本的な原理である。そのため、回路の一部が断絶していると動物は感電しない。

●アース棒の設置が不適切

現場でよくみられるのが、間違った方法でアース棒を設置したため、十分な進入防止効果が得られていない事例である。正しくは、一年中湿気が多い場所に、可能な限り深く、間隔をあけてアース棒を打ち込む必要がある。たとえば、長さが一m程度のアース棒を使用する場合でも、設置場所の地面を三〇～四〇㎝掘削した上で、アース棒をしっかりと打ち込むことが望まれる。

　また、長さ一m以上のアース棒は、打ち込み間隔を二m以上あけるのが技術的な基本である。長さが短いアース棒を使用する場合でも、可能な限り打ち込み間隔をあける必要がある。さらに、アースが正しく機能していることを確認するため、設置時にアースのテスト（図10）をする必要もある。

●漏電や不十分な結線など

　そのほかの失敗事例としては、漏電や不十分な結線による電圧低下、誤ったガイシの向きや電線の高さなどがある。

　電圧低下は電圧と電流の確認を複数箇所で定期的に行なうことで防止することができる。三〇〇〇Ｖの電圧でイノシシは感電するといわれているが、天候など環境条件の変化により容易に電気柵の電圧は低下するため、確認時の電圧は四〇〇〇～五〇〇〇Ｖ以上が必要になる。

　また、電流は電牧器に近い場所で五～七Ａを示し、電牧器から遠ざかると徐々に値が低下する。通常より高い電流の値は漏電を、低い値は不十分な結線を示している。漏電防止のためには週に一回程度の除草が必要となる。

　誤ったガイシの向きや電線の高さも多く見られる失敗である。ガイシは必ず動物側に向けなければならない。

　また、電線は、地面の起伏に合わせて高さを調整する必要があり、イノシシに対しては一段目の電牧線を地上から二〇㎝、二段目を四〇㎝（三段目を張る場合は地面から六〇㎝）の高さに揃えなければならない。

　また、イノシシは夜行性ではないので、一日中（可能ならば一年中）通電する必要がある。

被害対策に適した捕獲方法

捕獲方法は捕獲の目的で異なる

進入防止柵の設置と環境整備が完了したら、次は捕獲である。野生動物の捕獲方法は多数あるが、捕獲の目的や動物の特徴によってとるべき方法は異なる。

学術研究でいえば、胃内容物調査のためにイノシシを捕獲する際には、誘引エサ（餌）を用いる箱ワナや囲いワナを使うべきではないし、発信機を用いた追跡調査では動物が傷つかない方法を選ぶ必要がある。また、捕獲対象が群れなのか単独なのか、若齢か高齢か、などで効率的な捕獲方法は異なる。

被害対策も同様である。たとえば、シカは増加すると異常なほどの高密度になることがある。その際、林床の植物を食い尽くし、さらには樹皮剥皮による樹木の枯死や森林更新の阻害によって、森林が草原化する。このような生態系被害に対する対策では、動物の個体数管理が捕獲の目的だが、農作物被害対策では被害量の減少が目的となる。

ここで問題なのは、対象とする動物の生態学的特徴を理解していないと目的に則した捕獲方法がどれか判断できないことだ。そこで、捕獲の話に入る前にイノシシの生態学的特徴について少しだけ触れたい。

被害発生時期のイノシシの行動圏

●調査地・島根県羽須美村の概要

図11は島根県邑智郡羽須美村（現在は邑南町）で実施したイノシシ追跡調査の結果である。

調査地域の標高は一九〇～四五〇m

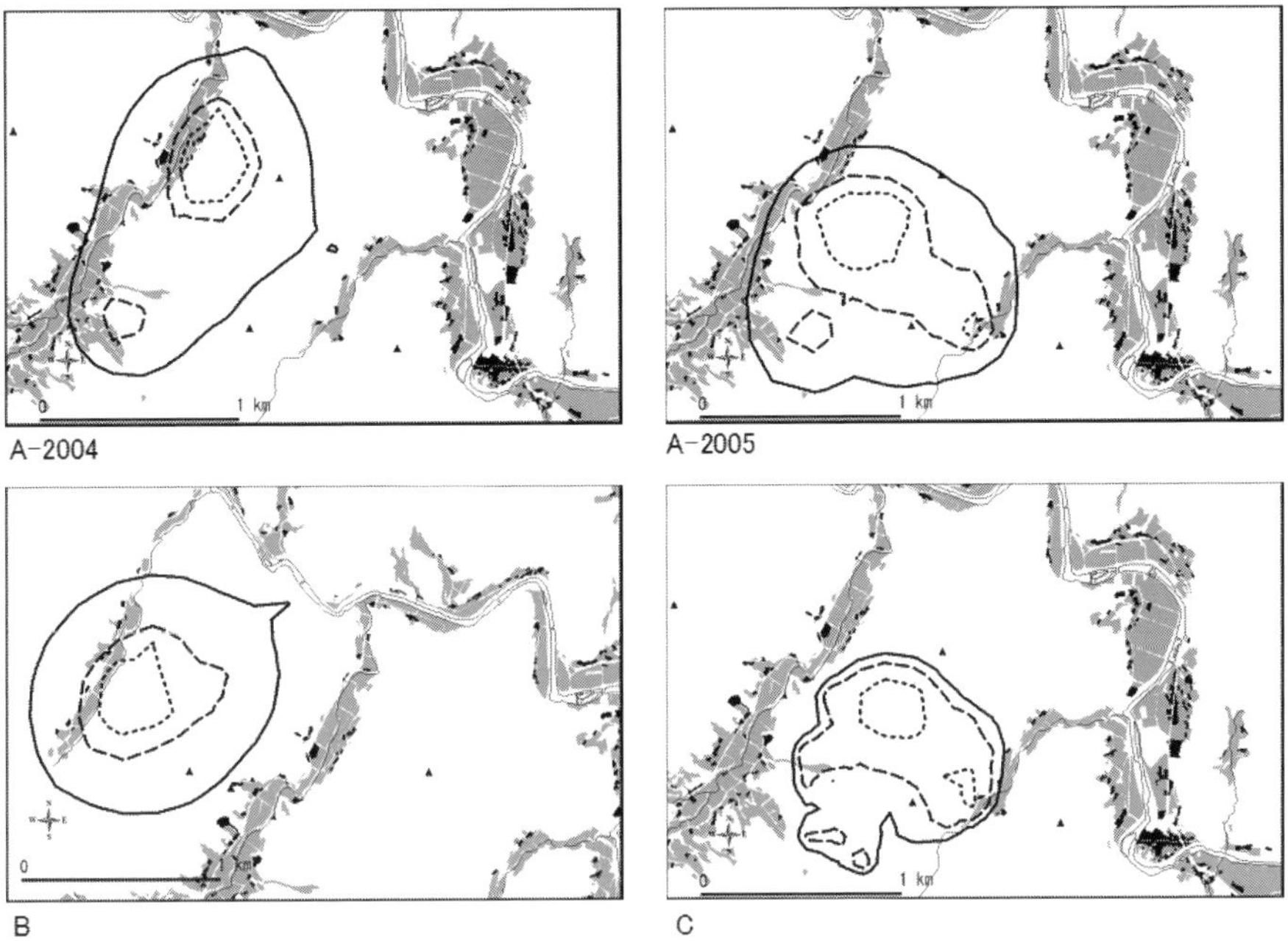

図11　水稲被害発生時期のイノシシの行動圏
島根県邑智郡羽須美村（現在は邑南町）での調査。小寺ほか（2010）にデータを追加して改修した。黒塗りと灰塗りの地域はそれぞれ住宅地と耕作地を示す。また、実線と破線、点線は、それぞれ95%と75%、50%調和平均等位線を示している。この調査では95%調和平均等位線内を行動圏、50%調和平均等位線内をコアエリアとした。A-2004とBでは行動圏を深く貫くように耕作地が内包されたのに対し、A-2005とCでは行動圏の外端部に耕作地が位置していた。

で、年平均気温一三・四℃、年降水量二〇九六㎜、最深積雪は四〇㎝であり（羽須美村　二〇〇四）、羽須美村は人口二一〇二人（二〇〇四年三月末現在）、総面積七四〇三ha（二〇〇三年一月一日現在）で、このうち森林が六三二六ha（八五・五%）、宅地が五六・七ha（〇・八%）、耕作地が四六三・四ha（六・三%）を占める（羽須美村　二〇〇四）。森林の四八・五%は落葉広葉樹林で、四六・六%は針葉樹林となっていた。

また、羽須美村では、狩猟期間中に九〇個体前後（二〇〇二年度は九五個体、二〇〇三年度は九〇個体）のイノシシを捕獲しているほか、有害鳥獣捕獲も実施している（二〇〇二年度は九個体、二〇〇三年度は二四個体）が、総面積に対して捕獲数は少ない。ちなみに、調査期間中に調査地で有害鳥獣捕獲は行なわれておらず、イノシシの活動に対する捕獲の影響はなかったと考えられる。

●加害個体と非加害個体が混在

この調査では、ラジオテレメトリー法により被害発生時期のイノシシを複数同時に追跡し、行動圏（動物が日常的に利用する範囲）を算出した。その結果を見ると、行動圏に耕作地を含む個体と含まない個体が、同時に存在している。つまり、加害個体（群）と非加害個体（群）が同時期、同一地域に存在する可能性があるということだ。

また、この調査でのイノシシの行動圏は、平均一一六・九（±一二一・六〈SE〉）haと広くない。行動圏面積はさまざまな要因で変化するので、その扱いには注意が必要だが、この結果はイノシシの加害群が被害発生場所から半径五〇〇～六〇〇m程度の範囲に滞在している可能性を示している。ちなみに、猟犬をともなった狩猟をしていない場合、海外の研究例でもイノシシの行動圏は島根の事例と同じか、やや広くなる程度である。

この事例から考えると、農作物被害対策としてのイノシシ捕獲では、加害群をねらって捕獲することが重要になる。そのためには、被害発生場所を中心とした地域で、イノシシの活動を攪乱させずに捕獲しなければならない。この条件に適合した捕獲方法は何になるのだろうか。

●加害個体だけを捕獲するには

日本でのおもなイノシシの捕獲方法には、猟犬をともなった銃猟とくくりワナによる捕獲、箱ワナ・囲いワナによる捕獲がある。猟犬をともなった銃猟には「忍び猟」と「巻き狩り猟」がある。前者は島嶼や積雪地で有効な場合もあるが捕獲効率が低く、後者は追い出し作業によってイノシシを長距離移動させてしまう欠点がある。

実際に島根県浜田市で調査していた際、猟犬をすり抜けたイノシシが直線距離で数キロ移動し、その後一週間ほどしてもとの生息場所に戻ってきたことがある。さらに島嶼部では分布域の拡大を助長する危険もある。

また、捕獲対象地域のイノシシを混乱させ、加害群と非加害群の区別がつかなくなってしまうことを考えると、この方法は農作物被害対策には不向きだろう。

これに対して、くくりワナや箱ワナ・囲いワナによる捕獲は対象を攪乱せず、捕獲効率が高いことから、農作物被害対策向きの捕獲方法といえる。しかし、くくりワナによる捕獲と箱ワナ・囲いワナによる捕獲では、その方法論がまったく異なる。

表１　箱ワナ（囲いワナ）とくくりワナの特徴と長所、短所

	箱ワナ（囲いワナ）	くくりワナ
特　徴	ワナの存在を隠すことは困難。 誘引エサ等により警戒心を上回る興味を持たせて捕獲する。	ワナの存在を気付かせずに捕獲する。
長　所	群れを捕獲する。 捕獲個体を傷つけにくい。 捕獲の成否が設置場所の影響を受けにくい。 作業員の安全確保が容易である。 他の方法に比べて高い技術を必要としない。	運搬が容易。 イノシシの行動に影響を及ぼしにくい。 箱ワナと比べ、イノシシがワナの危険性を学習しにくい。
短　所	錯誤捕獲の危険がある。 エサが動物の行動に影響を及ぼす。 イノシシがワナの危険性を学習しやすい。	錯誤捕獲の危険がある。 捕獲個体が暴れる。 １つのワナで１個体しか捕獲できない。 設置場所の選定や設置方法について高い技術が必要である。

くくりワナによる捕獲の特徴

●ワナの存在に気付かない

くくりワナは、ワナの存在をイノシシに気付かせずに捕獲する方法（表１）で、戦争で用いる地雷と同様の考え方である。そのため、使う道具や設置方法に注意する必要がある。

たとえば、ワナからオイルなどの臭いが漂ったり、設置後のカモフラージュ（偽装）が不完全だとイノシシの捕獲は難しい。

●ワナの危険性を学習しにくい

本書では脚くくりワナについて記述するが、これには動物の脚をバネで締めるものや跳ね上げ式のバネを利用したものなど、さまざまなタイプがある。いずれも小型軽量であり、運搬が容易だ。また、追い出し作業や誘引エサの散布を必要としないため、イノシシの行動に及ぼす影響が他の方法よりも小さいことや、箱ワナ・囲いワナに比べてイノシシがワナの危険性を学習しにくいことも利点に挙げられる。

●しかし、相応の技術が必要

そのいっぽう、設置場所の選定や設置方法について、相応の技術を必要とする。また、捕獲したイノシシが暴れる、一つのワナで一個体しか捕獲できない、錯誤捕獲を生じる危険性があるなどの欠点もある。

なお、本書では、近重秀友氏よりご教授いただき、著者が学術捕獲で用いていた脚くくりワナによる捕獲の基礎技術を紹介する。

箱ワナ・囲いワナによる捕獲の特徴

●誘引エサで群れごと捕獲

箱ワナや囲いワナは、その存在を完全に隠すことができない。そのため、多少なりとも警戒心を持っているイノシシがワナに接近することになる。この捕獲方法では、ワナへの警戒心を上回る誘引力を臭いやエサを用いて発生させ、ワナ内部に導くのが基本だ（図12）。

イノシシの場合、一般的に誘引エサを用いることが多い。その基本的な考え方は、飲食店の経営と同様だ。看板やメニューがなく、店内を窺えないような店舗は客に警戒され、料理がまずければ客はこない。周囲にライバル店が多いと経営が難しくなる。これを、店舗がワナ、料理が誘引エサ、ライバル店は野外の食物に置き換えると箱ワナ・囲いワナの話になる（64ページ参照）。

箱ワナ・囲いワナの利点としては、群れを捕獲するための道具であること（幼獣だけや少数個体の捕獲は失敗を意味する）や、捕獲個体を傷つけにくいこと、捕獲の成否が設置場所の影響を受けにくいこと、他の方法に比べて高い技術を要しないことが挙げられる。

●捕獲しにくくなる危険性も

そのいっぽうで、ワナの存在を完全に隠せないため、イノシシがワナの危険性を学

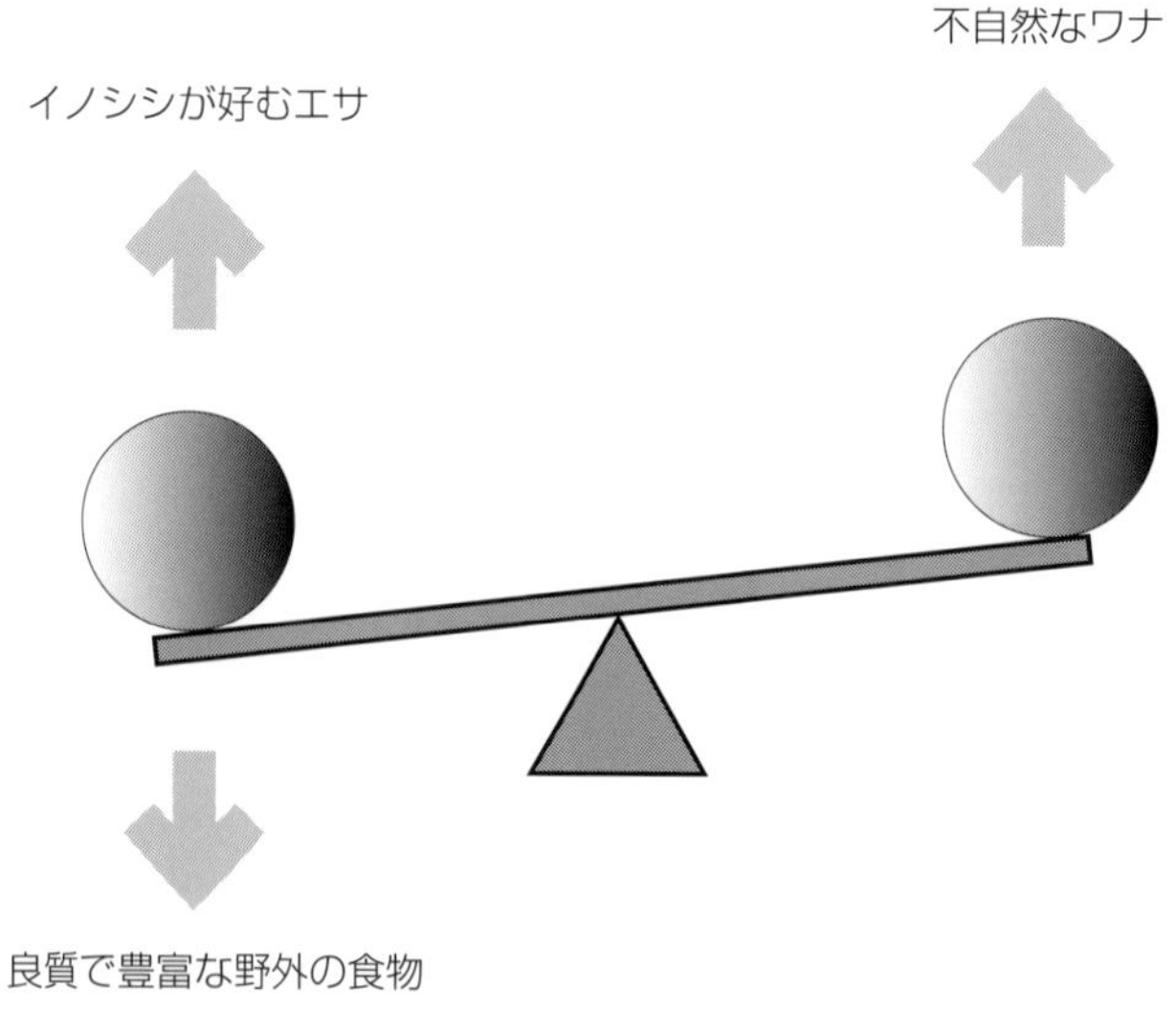

図12
箱ワナ・囲いワナによる捕獲の考え方
ワナへの誘引力と警戒心のバランスを考えることが重要。誘引力が警戒心を上回れば捕獲可能となる。誘引力に作用するのは、誘引エサの種類と野外の食物の質と量である。警戒心には、ワナの構造や設置方法が作用する。

習しやすく、安易な運用によって箱ワナ・囲いワナで捕獲しにくい個体をつくってしまう危険がある。

写真3　フランスの研究機関が使用していたワナ
金属製の枠が付いた網を上空に吊しておき、イノシシが真下にきた瞬間に落とす。このワナは、100～200 mほど離れた場所で人間が操作する。落下後は、網内部で慌てているイノシシを数人の研究者が押さえ込んで生け捕りにする。日本で使用許可が下りるかは不明。

写真4　上の写真の近景
フランスでは高齢のイノシシが箱ワナに入らなくなる傾向があるため、用いる網も大きなものを使用していた。

たとえば、フランスでは研究目的で箱ワナや囲いワナを長年使用している。安易な運用をしているわけではないのだが、それでもワナに対して強い警戒心を持つ個体が一部で生じ、それらを捕獲するために特殊なワナを用いている（写真3、4）。

また、誘引エサの散布が動物の行動に強く影響することや、くくりワナと同様に錯誤捕獲を生じる危険があることも欠点である。これらの点も注意しなければならない。

なお、本書で紹介する箱ワナ・囲いワナによる捕獲技術は、学術研究のためにフランスで確立され、著者がエリック・ボベ博士（フランスの国立狩猟・野生動物研究所〝Office National de la Chasse et de la Faune Sauvage〟の研究員）から教わった技術を基礎としている。また、被害対策のための捕獲技術としてアレンジした部分があるが、それは著者が島根県で実施してきたイノシシの生態学的研究の結果に基づいたものである。

イノシシ捕獲に関連する制度

野生鳥獣の捕獲に関連する法律としては、「鳥獣の保護及び狩猟の適正化に関する法律（環境省所管）」および「特定外来生物による生態系等に係る被害の防止に関する法律（環境省所管）」、「銃砲刀剣類所持等取締法（警察庁所管）」、「火薬類取締法（経済産業省・警察庁所管）」が挙げられる。これらのうち、銃砲刀剣類所持等取締法と火薬類取締法は、鉄砲や刀剣、装弾などの所持や管理などについて定めた法律であり、鳥獣の捕獲許可などについては鳥獣の保護及び狩猟の適正化に関する法律と特定外来生物による生態系等に係る被害の防止に関する法律で定められている。

「鳥獣」と「狩猟鳥獣」の定義

鳥獣の保護および狩猟の適正化に関する法律で規定された鳥獣の捕獲としては、狩猟期間中に狩猟が禁止されていない地域で狩猟免許所持者が法定猟具を用いて狩猟鳥獣を捕獲する「狩猟（ただし、狩猟期間中に狩猟が禁止されていない地域で法定猟具を用いずに捕獲する場合には狩猟免許は不要）」と、「有害鳥獣捕獲」や「学術研究」、「特定鳥獣保護管理計画に基づく個体数調整捕獲」などの許可を受けて捕獲する「許可捕獲」がある。

この法律では、鳥類または哺乳類に属する野生動物を「鳥獣」と定義しており、さらに狩猟可能な種を環境省令で「狩猟鳥獣（鳥類二九種、獣類二〇種）」として定めている。捕獲対象が狩猟鳥獣の場合、狩猟または許可捕獲のどちらかの方法を選択できるが、「狩猟鳥獣以外の鳥獣」は狩猟ができない。

なお、狩猟鳥獣に定められた獣類は、タヌキ、キツネ、ノイヌ、ノネコ、テン（ツシマテンを除く）、イタチ（オス）、チョウセンイタチ（オス）、ミンク、アナグマ、アライグマ、ヒグマ、ツキノワグマ、ハクビシン、イノシシ（イノブタを含む）、ニホンジカ、タイワンリス、シマリス、ヌートリア、ユキウサギ、ノウサギである（二〇一一年一月現在）。

狩猟免許は法定猟具により四種類

狩猟（狩猟期間中に限定される）で法定猟法により狩猟鳥獣を捕獲する場合、狩猟免許（全国で有効、更新期間三年）を取得した上、狩猟を実施する地域を管轄する都道府県への狩猟者登録を年度ごとに行なう必要があるが、捕獲の目的は問われず、個別の手続きも不要となる。なお、狩猟免許には使用する法定猟具によって「網猟免許」、「わな猟免許」、「第一種銃猟免許（装薬銃および空気銃）」、「第二種銃猟免許（空気銃のみ）」の四種類がある（銃に関しては狩猟免許とは別に所持許可などが必要である）。

狩猟期間以外や休猟区などでの狩猟鳥獣の捕獲や狩猟鳥獣以外の鳥獣を捕獲する場合は許可捕獲に限定されるが、農林業被害対策のための捕獲では有害鳥獣捕獲の許可申請を行なうのが一般的である。この場合、捕獲目的が「生活環境、農林水産業又は生態系に係る被害の防止」に限られ、捕獲を行なう地域や期間、捕獲頭数、捕獲方法などについて都道府県知事（権限移譲している場合は市町村長）に許可申請する必要がある。

原則として狩猟免許の所持者は、有害鳥獣捕獲従事者の資格要件を満たしているが、地域によっては狩猟者登録などを義務付けている場合もあるので注意が必要である。

なお、「個体数調整捕獲」では捕獲目的が「特定鳥獣の数の調整」であるため、個別地域での被害の有無によらず、あくまでも特定鳥獣保護管理計画にもとづいて捕獲が許可される。

狩猟鳥獣だが特定外来生物でない

特定外来生物による生態系等に係る被害の防止に関する法律で規定された鳥獣の捕獲は、同法による「防除の確認または認定申請」を行なって特定外来生物を捕獲する方法である。

哺乳類では、フクロギツネ、ハリネズミ属の全種、タイワンザル、カニクイザル、アカゲザル、ヌートリア、クリハラリス（タイワンリス）、タイリクモモンガ（エゾモモンガを除く）、トウブハイイロリス、キタリス（エゾリスを除く）、マスクラット、アライグマ、カニクイアライグマ、アメリカミンク、ジャワマングース、シママングース、アキシスシカ属の全種、シカ属の全種（ホンシュウジカ、ケラマジカ、マゲシカ、キュウシュウジカ、ツシマジカ、ヤクシカ、エゾシカを除く）、ダマシカ属の全種、シフゾウ、キョンが特定外来生物に指定されている（二〇一一年一月現在）。

イノシシは狩猟鳥獣に含まれているものの、特定外来生物ではない。そのため、鳥獣の保護及び狩猟の適正化に関する法律に規定された狩猟または許可捕獲により捕獲できる。ちなみに、アライグマやタイワンリスは狩猟鳥獣である上に特定外来生物に指定されているため、狩猟および許可捕獲、防除の確認または認定申請による捕獲が可能である。また、マングースは特定外来生物に指定されているものの狩猟鳥獣ではないため狩猟による捕獲はできないが、許可捕獲および防除の確認または認定申請により捕獲できる。

江戸時代の鉄砲とイノシシ

伝来した当初は、おもに武器として用いられた鉄砲だが、兵器として大きな役割を果たせたのは雑兵足軽などの活躍によるものであった（塚本 一九九三）。

そのため、早い段階から低い身分の階層にも鉄砲が普及して狩猟や自衛に用いられ、やがて農具として重要な地位を占めるようになった。とくに江戸時代初期に新田開発が積極的に進められたが、これは丘陵や山地など野生動物の生息地への耕作地の拡大であり、その成功には農具としての鉄砲が不可欠だった。

また、多くの山間地開発には兵農分離の過程で土着した土豪や牢人が関わっており、このことが農具としての鉄砲利用を促進したとの指摘（塚本 一九九三）もある。

いずれにしても、鉄砲は野生動物を封じる道具として圧倒的な力を持ち、イノシシの生息域を劇的に縮小させる可能性もあった。しかし実際にはそうならず、縄文時代と同様の分布域が江戸時代にも確認され（Tsujino et al. 2010）、八戸（現在の青森県）では「猪飢饉」（一七四九年）までもが発生していた（いいだ 一九九六）。

じつは、新田開発で十分な食料が供給可能になったいっぽうで、過剰な武器の存在で治安が悪化し、徳川政権による人民武装解除政策が進められたのだ。すなわち、「生類憐れみ令」と「諸国鉄砲改め」が一六八七年から本格化し、鉄砲が幕府の管理下におかれることになった（塚本 一九九三）。これらの法令は、一七〇九年の徳川綱吉の死後すぐに廃棄されたが、鉄砲の規制は各地の領主によって継続された（塚本 一九九三）。

その結果、江戸中期以降は鉄砲の使用が制限され、獣類の進入を防ぐ猪垣（シシガキ）の構築が各地で進み（矢ヶ崎 二〇〇一）、イノシシの生息域は犯されずに分布域が維持されたのだ。

第3章

箱ワナ・囲いワナによる捕獲

箱ワナ・囲いワナの基本

捕獲を飲食店の経営にたとえる

「警戒心を上回る誘引力でワナ内部にイノシシを導くのが箱ワナ・囲いワナの基本であり、その考え方は飲食店の経営と同様だ」と紹介した。

たとえば、馴染みの繁華街に新しい飲み屋ができた場合、どのような店ならば入りやすいだろうか。

【ケース1】　繁華街のどの店も表には看板があるのみでメニューはない。新しい店も他店と同様、表には看板があ

写真5　長崎の「思案橋ブルース」にうたわれた場所
遊郭丸山を目前に、この橋で「行こうか、戻ろうか」思案したところから名付けられたとされる。イノシシも箱ワナを目前に「行こうか、戻ろうか」思案している。

るのみでメニューはない。中から愉しげな声が漏れてくるが、窓はなく、入り口も木の扉で中の様子はわからない。

【ケース2】　繁華街のどの店も表には看板があるのみでメニューはない。しかし、新しい店は一面ガラス張りで、表のメニューを見る限り品揃えもよい。満足げな客の顔も見える。

【ケース3】　繁華街のどの店もガラス張りで店内の様子が一目瞭然。店頭にメニューもあり、品揃えもいい。新しい店も一面ガラス張りで、表のメニューを見る限り品揃えもいい。満足げな客の顔も見える。

【ケース4】　繁華街のどの店もガラス張りで店内の様子が一目瞭然。店頭にメニューもあり、品揃えもいい。新しい店には窓がなく、表には看板があるのみでメニューはない。入り口も木の扉で中の様子はわからない。

【ケース5】　繁華街のどの店もガラス張りで店内の様子が一目瞭然。店頭にメニューもあり、品揃えもいい。新しい店には窓がなく、表には看板があるのみでメニューはない。入り口も木の扉である。しかし、この店は安くて美味いとテレビや雑誌で話題となっている。

【ケース6】　今日は繁華街の定休日。開いているのは新装開店したばかりの新しい店だけ。

店と料理と価格、他店の状況

さて、どうしても一杯やりたいあなたはどの店を選ぶだろうか。性格や考え方によって多少の差はあるかもしれないが、新しい店を選ぶ可能性が高いのはケース2と6だろう。逆にケース4では新しい店の敷居は高い。ケース1、3は判断が難しく、人によって差が出るのではないだろうか。また、ケース5の場合は新しい店の料理が近隣の店よりも格段に安くておいしければ入るだろう。

ほかにもいろいろなケースは考えられる。しかし、いずれにしても、ガラス張りで店内の様子が一目瞭然の店舗ならば入店しやすいが、実際にその店に客が入るかどうかは、店で食べられる料理やその値段、近隣の店の状況によって影響されているという原則は変わらない。

飲食店の経営者からすれば、重要なのは「自分の店が客にとってどの程度入りやすい店構えなのかを認識し、近隣の店（ライバル店）に対抗し得る料理と価格を設定した上で、経営が可能か判断すること」である。

これは箱ワナ・囲いワナでも同じだ。この話で店を「ワナ」、料理やその値段を「誘引エサ」、近隣の店の状況を「野外の食物の状況」に置き換えると箱ワナ・囲いワナの話になる。

成功の秘訣は条件の見極めにあり

「どんな形状のワナならばイノシシが捕れるのか?」とよく質問される。当然イノシシが入りやすいワナの条件はある。しかし、誘引エサと野外の食物の状況をよく理解できていれば、ケース5と同様にイノシシが入りにくい構造のワナでも捕獲できるのだ。

逆に、イノシシが入りやすいワナであっても、誘引エサと同等以上に良質の食物が野外にあればイノシシの捕獲は難しくなる。通常、イノシシは箱ワナ・囲いワナに対して警戒心を持っているため、誘引エサと野外の食物が同等の質の場合、通常はワナの中に入らない。

要するに、使用するワナの構造の特徴や、用いるエサがどの程度の誘引力を持っているのかを理解した上で、野外の食物の状態を正しく観察することが箱ワナ・囲いワナの運用では重要なのだ。

先ほど例に挙げた質問はワナの構造についてのみ尋ねており、本質的な問いではないが、あえて答えるならば「入り口があればイノシシは捕獲できるが、条件次第では、いかに優れたワナでも捕獲できない」という回答が適当だろう。

さて、以降は箱ワナ・囲いワナの構造や誘引エサなど各論の解説となる。注意願いたいのは、ワナ運用の全体像を考慮しない各論だけの理解は、ワナの誤用や捕獲の失敗に結びつく点だ。ぜひとも最後まで読んだ上でイノシシ捕獲をはじめてほしい。

箱ワナ・囲いワナの構造

箱ワナ・囲いワナの構造は、基本的に次の二つの条件が求められる。

それはイノシシのワナに対する警戒心を低下させることと、獲り逃さないことである。前者は捕獲に係る時間と作業量を減らすための条件であり、後者は捕獲効率を低下させないための条件である。

警戒心を低下させる

●捕獲までの時間・作業を減らす

誘引エサを用いる捕獲は基本的に餌付け行為であるため長期間の運用は大きな問題を引き起こす可能性がある（これに関しては76ページからの「誘引エサ」で詳述する）。そのため、捕獲までに要する時間を可能な限り短くすることは重要である。

また、箱ワナ・囲いワナは、設置後に給餌と見回りが必要になるため、もともと多くの作業を要する捕獲道具である。この作業が多くなるほど、作業員がミスを犯す機会が増し、正しい運用ができなくなる危険が生じるのだ。

イノシシの警戒心を低下させるには、いくつかのポイントがある。それは、ワナの素材と設置方法、設置時期である。順に説明しよう。

●ワナ壁面とトリガーへの配慮

ワナの素材は少なくともワナ壁面とトリガーへの配慮が求められる。

前者では、イノシシの目線で入り口からワナをのぞいた時に、壁面が背景にとけ込むような素材を用いるとイノシシの警戒心が低下する。

写真6は壁面の素材として金網を使用している片開きの箱ワナだが、左右側面と奥の壁面が背景に馴染んでいるのがおわかりいただけるだろうか。

いっぽう、太い鉄パイプを壁面の素材として使用したワナでは、左右側面が完全な一枚壁のように見える（写真7）。この場合、金網を使用したほうがイノシシの警戒心が低くなり、捕獲までの時間が若干（数日程度）短くなる。しかし、背景にとけ込みやすい素材は強度が弱くなる傾向があることや、鉄パイプ素材でも十分捕獲できることをよく理解し、注意する必要がある。

また、両開きの箱ワナでは片開きの箱ワナに比べイノシシの警戒心が低くなる反面、誘引個体を獲り逃す危険が高くなること（70ページ参照）を認識する必要がある。

トリガーは、釣り糸や針金などの見えにくい素材や倒木など自然の素材をセンサーに用いるとイノシシの警戒心が低下する。これに対して鉄の棒など

写真6　島根県で学術捕獲のために使用したイノシシ用の小型箱ワナ
奥行き 1.5 m、高さ 0.5 m、幅 1 mで、壁面には金網を使用している。2～8頭程度の若齢イノシシの群れを捕獲するためのワナだが、調査員2名でも持ち上げられないほどの大きさのイノシシが這いつくばるようにして捕獲されたこともある。

写真7　壁面の素材に鉄パイプを用いた飼育用のオリ
側面が一枚壁のように見える。

写真８
長崎県でのイノシシ調査で著者が使用していた囲いワナの入り口
扉下部のガイド（矢印）が若干地面に飛び出しているが、設置当初は完全に段差がない状態にバリアフリー化する必要がある。

目で確認が容易な人工物では警戒心が高まるが、センサーをエサ内部に埋設するなどの方法で警戒心を低下させることも可能である。

●物理的・精神的バリアフリー

ワナの設置方法では、イノシシにとってのバリアフリーを心がけることで警戒心が低下する。これは人間に対するものと同様で、物理的バリアフリーと精神的バリアフリーに分けられる。

物理的バリアフリーの一例としては、箱ワナ設置時に床面を埋設し、その上でワナ内部と外部の地面を同様の硬さ・触感にすることが挙げられる。また、箱ワナ・囲いワナとも、入り口に段差が生じないようにすることも物理的バリアフリーである（写真８）。ワナの入り口までイノシシが近づいているにもかかわらず内部に入らないという事例では、こうした作業が完全ではない場合が多い。

また、設置作業では草木の伐採や土壌の掘り返しなどの環境改変をともなうが、これはイノシシの警戒心を増長する。この環境改変を最小限に留めることは、イノシシにとっての精神的バリアフリーにつながる。

設置時期は、精神的バリアフリーに影響する。たとえば、イノシシを捕獲する直前にワナを設置すると環境改変の影響が残っているため、イノシシの警戒心が高まった状態で捕獲することになる。理想は、草木が枯死している冬期の設置である。これにより環境改変の影響を最小限に留めることが可能となる。さらに、春以降（草本が萌出した後）に捕獲を行なえば、環境改変の影響をより小さくすることができる。

獲り逃さない

●獲り逃しで警戒心が増長

ここでいう獲り逃しとは、「イノシシの群れがワナに誘引されているにもかかわらず、一、二頭のみ捕獲している」という状況のことである。

こうした獲り逃しは、ワナに対するイノシシの警戒心を増長させ、捕獲効率の低下につながる。そのため、その存在を完全に隠すことができない箱ワナ・囲いワナでは、獲り逃しの防止は重要課題である。せめて群れの半数を超える個体の捕獲を目指してほしい。

これは、ワナの構造と誘引エサの散布方法での対応が必要となるが、特にワナの構造は容易に変更できないため注意を要する。具体的な注意点は、トリガーのセンサーから入り口までの距離（以降、脱出距離とする）を長くすること、扉の閉鎖時間を短くすること、故障しやすい箇所を減らすことである。

●脱出距離一・三〜一・五m

基本的にイノシシは警戒心を持ったままワナ内部に入り込むので、物音がするなど突発的な事象に対して逃げる準備をしている。こうした状況では、脱出距離が短いと獲り逃しする危険が高くなる。

特にワナ内部に群れが入り込んでいる場合、脱出距離が短いと、先に逃げ出した個体や入り口に留まっていた個体の背中に扉が当たって閉鎖しなくなり、逃げ遅れた個体まで逃亡する可能性が生じる。そのいっぽうで、脱出距離が長すぎると捕獲までの時間も長くなり、餌付けの問題が生じる危険がある。

群れ単位のイノシシ捕獲を考えた場合、適当な脱出距離は一・三〜一・五m程度であり、一m程度では逃亡される可能性が高くなる。特に両開きの箱ワナでは、イノシシが前方に飛び出して逃げることができる（振り向いて後方に逃亡するよりも素早く反応できる）ため、片開きの箱ワナ以上に脱出距離に注意を払う必要がある。

ちなみに囲いワナの場合、トリガーのセンサーと入り口の間に立木を入れると実際の脱出距離が長くなるので、ワナの設置面積を狭くすることができる（写真9）。

●扉を重くしても意味がない

脱出距離とは反対に、扉の閉鎖時間は短いほうがよい。これはイノシシが脱出する機会を減らすためである。

これに関して、落下式の扉を使う場合には、扉を重くしても閉鎖時間は短くならないことに注意する必要がある。ワナの扉程度の物体ならば、落下時の空気抵抗は無視できるので、「落下速度（m／s）＝重力加速度（九・八m／s^2）×時間（s）」となり、扉の重さは落下速度にまったく関係しないのだ。重い扉に手や足を挟まれて大けがをした事例を耳にすることがあるが、まったく必要のない悲劇である。

●扉は低く、動きを滑らかに

閉鎖時間を短くする方法は扉の高さを低くすること、扉の動きを滑らかにすることの二つだ。

単純に計算すると扉の高さ一・二mでは閉鎖時間が○・四九秒、一mでは○・四五秒、○・六mでは○・三五秒、○・五mでは○・三二秒となり、わずかではあるが低い扉の閉鎖時間のほうが短い。実際には、扉とレールの抵抗を減らし、扉が滑らかに閉まる工夫をしたほうが閉鎖時間の短縮効果は高いと考えられる。

●体高と同程度かやや低めに

しかし、扉を低くした場合、閉鎖時間短縮以外の効果が大きく働く（図13）。扉をイノシシの体高と同じか少

写真９　ワナ中央部に立木を含むように設置した学術調査用の囲いワナ
①のように立木を挟んで入り口の反対側にトリガーのセンサーとなる丸太（矢印）を置く。長崎県でのイノシシ調査で著者がフランスの囲いワナを参考に作製。②はフランスで用いられているやや小型の囲いワナ、③はやや大型の囲いワナ。

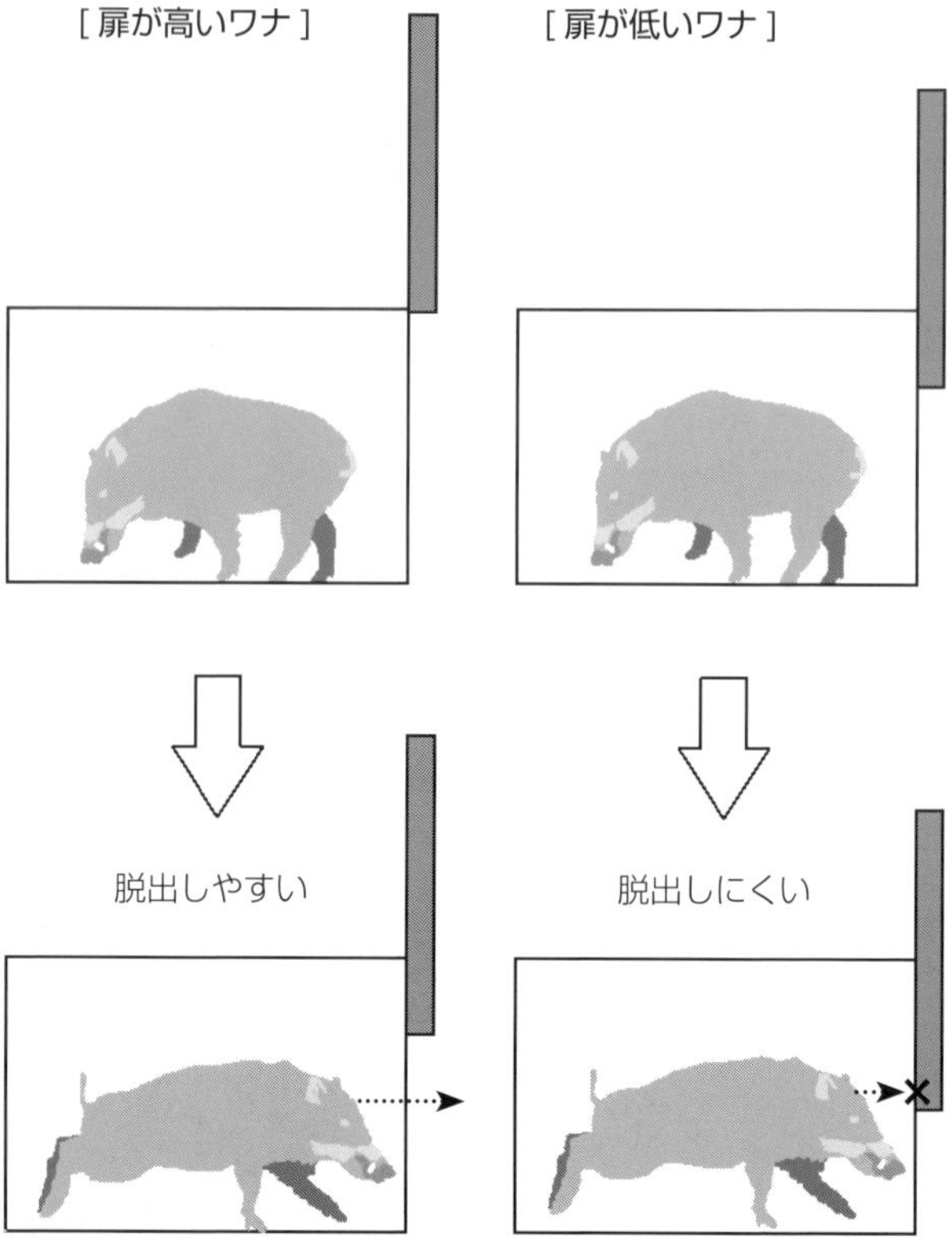

図 13　箱ワナ・囲いワナでの扉の高さ
ワナの扉を低くすると閉鎖時間が短くなる上に、扉が完全に閉鎖しなくてもイノシシが逃亡しにくくなる効果がある。たとえば、扉をイノシシの体高と同じか少し低い高さにすると、扉が落下し始めた段階で、脱出口はイノシシよりも小さくなっている。そのため、地面に這うように走らないとイノシシは脱出できない。

し低い高さにすると、扉が落下し始めた段階で、脱出口はイノシシよりも小さくなる。そのため、イノシシは地面を這うよう走らないと脱出できない。そのため脱出に時間がかかることになる。

ちなみに、大物のイノシシでも体高はあまり高くならないし、ワナの天井や扉が低くてもイノシシは気にしない。そのため、扉の高さ（ワナ開口部の高さ）は標準的なイノシシの体高と同程度かやや低め（〇・五～〇・八m）が理想的である。

動作不良を減らす

本来、ワナの故障による獲り逃しは発生させてはいけない。しかし、部品の劣化などによってワナ可動部の動作不良が生じることもある。こうした不具合は日頃の点検で避けることができるが、ワナの設計を工夫することで動作不良の発生頻度を減らすことも可能だ。

●可動部を少なくする

工夫するポイントの一つ目は可動部を少なくすることである。箱ワナ・囲

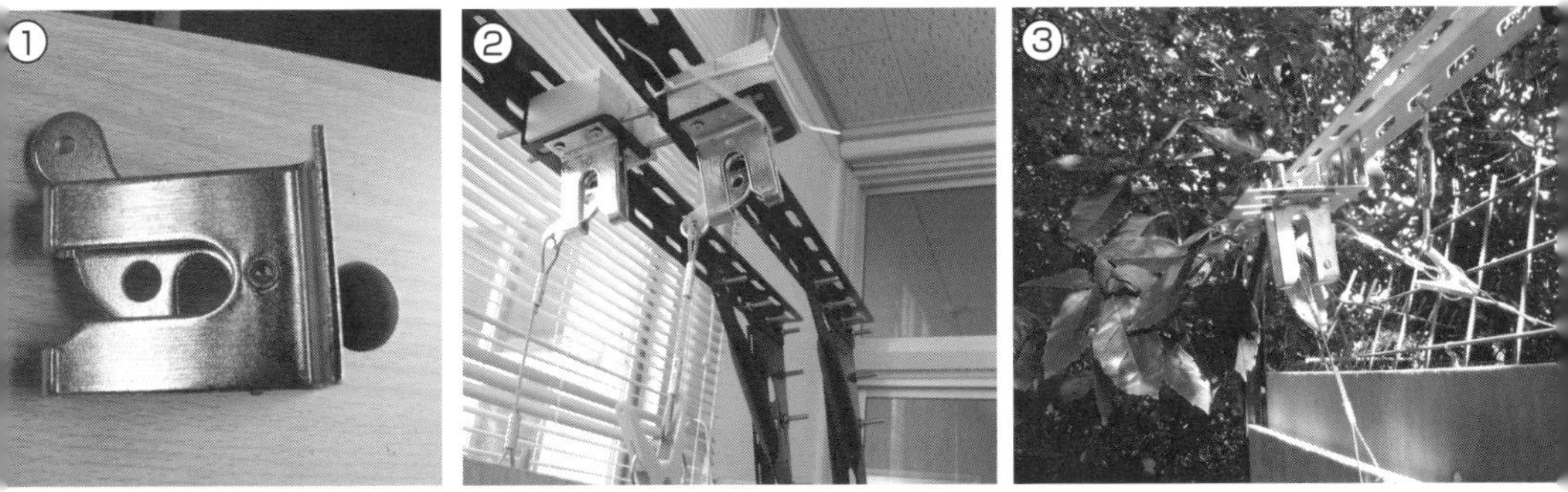

写真 10
①は著者がトリガーの一部として利用しているゲートラッチ（自動門鑑錠）、②はそれをドアー部分に取り付けた状態。③の洗濯ばさみで挟まれているワイヤーは、ワナ内部のトリガーのセンサーとなる丸太と繋がっている。イノシシが丸太を落とすと洗濯ばさみが右側へ引っ張られ、ゲートラッチでロックされていた扉が落下する。捕獲されたイノシシが丸太を転がすなどして、ワイヤーに強い力が掛かると洗濯ばさみから外れるため、ゲートラッチは壊れない。

写真 11　フランスで使用されているセンサー専用の金具
①では、金具右側にある上に伸びたアーム（A）は紐でセンサーとなる丸太と、左端の止め爪（B）のロープはワナの扉に繋がっている。イノシシが丸太を落下させ、アームが左側に引っ張られると、まず右側下の止め爪がはずれ、続いて中央上部の止め爪がはずれる。最後に左端の止め爪がはずれて扉が落下する。

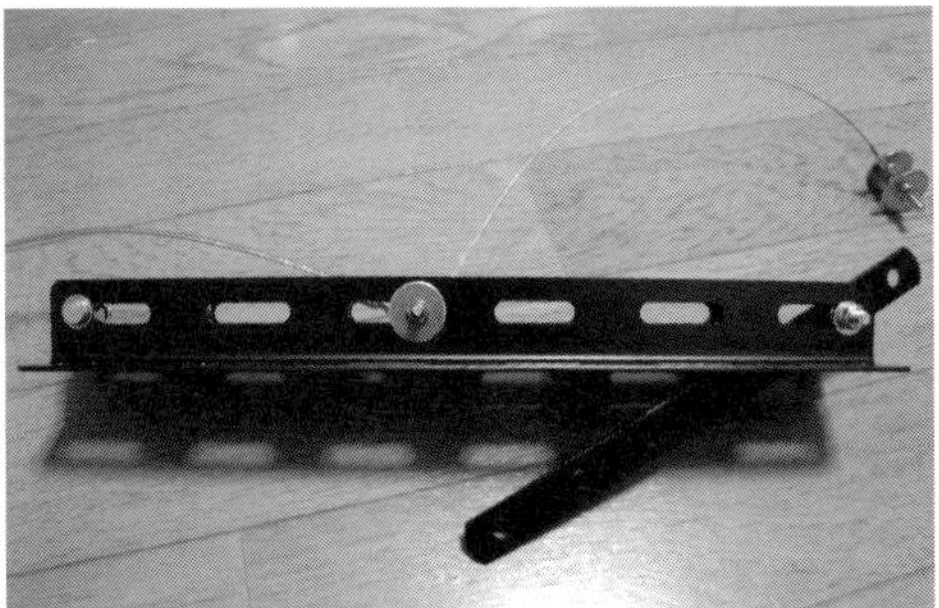

写真 12　ボルトオン式トリガー

いワナの可動部としては扉とトリガーが挙げられる。たとえば、両開きの箱ワナは扉が二枚あるので、扉が一枚の箱ワナよりも動作不良の発生確率は高くなる。また、扉が閉まらないといった故障だけではなく、イノシシが丸太や石などを入り口に転がしてきたため、扉が閉まらずに逃げられる危険性なども単純計算で二倍になる。

●可動部の構造を単純に

二つ目は可動部の構造を単純にすることである。ワナの長期運用によってサビなどが発生した上、管理に多少の手落ちがあったとしても、単純な構造ならば正しく可動しやすい。たとえば、単純な構造のトリガーは、ゲートラッチ（自動門鑑錠）を汎用する方法（写真10、11）や、著者がホームページ（http://www.hi-ho.ne.jp/kodera/）で設計図を公開しているもの（写真12）などがある。

●捕獲で壊れない構造に

三つ目は捕獲されたイノシシがワナ内部で暴れたとしても、可動部が影響を受けない構造にすることである。捕獲のたびにいくつか重要な部品の交換を必要とするワナがあるが、そのようなワナでは交換した部品が不良品である危険性をなくすことができない。確実に動く部品を使い続けるに越したことはない。

そのほかのタイプの箱ワナ

参考までに、そのほかの箱ワナについていくつか紹介する。

写真13は、オーストラリアで用いられている箱ワナと同じ仕組みのものである。縦横二m、高さ一mで、竹のストッパーをイノシシが持ち上げると、ドアーが閉まり、ロックされる。イノシシがワナから脱出するためには、ワナ内部をコの字型に走らなければならない。

写真14は学術捕獲用の箱ワナで写真6のもの（68ページ参照）よりも大きく、奥行き二m、高さ一m、幅一mである。

写真15は、ホームセンターで購入可能な資材だけで作製した箱ワナである。これは改良が加えられ、著者が以前所属していた島根県中山間地域研究センターで設計図が作製された。この設計図も先述したホームページ（http://www.hi-ho.ne.jp/kodera/）で公開しているが、ゲートラッチ（自動門鑑錠）の使用方法が前ページ写真10、11で紹介した方法とは異なること、ワナの運用は自己責任であることに注意してほしい。

以上、ワナの構造に関する事柄を簡単にまとめたが、理想的な構造のワナであってもイノシシが必ず捕獲できるというわけではない。逆に欠点があるワナでもそれをよく理解していれば、いくらでもイノシシは捕獲できる。

写真 13　オーストラリアで利用されている箱ワナ
ドアーが内側から外側に向かって閉まる仕組みで、ドアー下部にある竹のストッパーをイノシシが持ち上げるとドアーが閉まり、下の写真のようにロックされる。

写真 14　島根県で学術捕獲用に使用したやや大きめの箱ワナ

写真 15　ホームセンターで購入可能な資材だけで作製した箱ワナ

食性を踏まえた誘引エサ

いつ何を食べているか？

あらゆる野生動物にとって食物は生きるために不可欠な資源の一つであるが、その種類や利用可能量には季節的変化や場所による差がみられる。そのため、食物に関する研究は、野生動物の保護管理を進める上でも重要である。

残念なことに日本に生息するイノシシの食性に関する研究は少ない。そうはいっても、野外の食物の状況が誘引

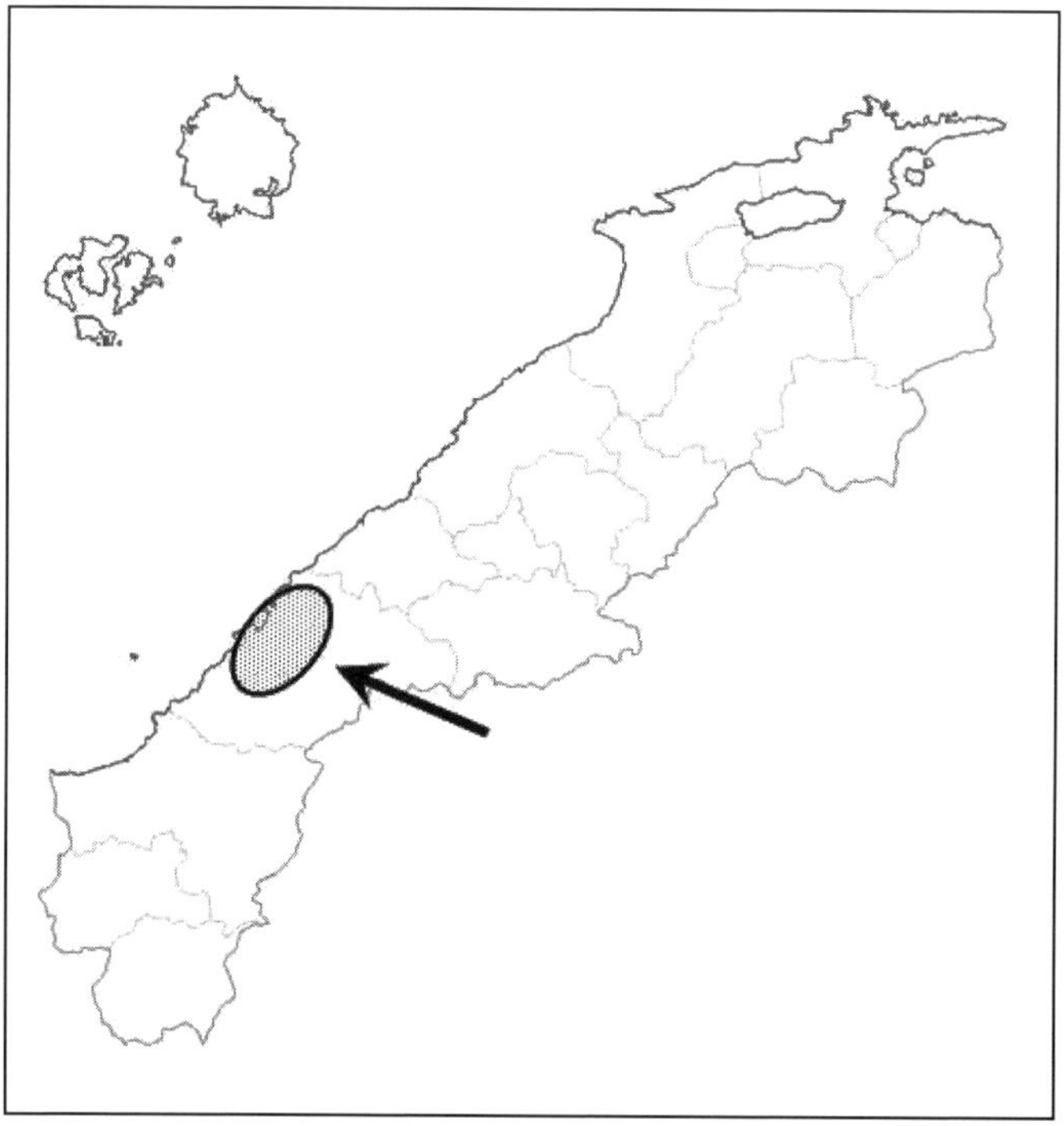

図 14　イノシシの食性調査対象地域
網掛けの楕円部分（島根県石見地方）を中心にイノシシの胃内容物サンプルを収集した。

エサを用いたイノシシ捕獲で重要な要素であることは変わらない。

そこで、一九九四年から二〇〇二年まで島根県浜田市で実施していた食性調査の結果を紹介する。ただし、野生動物の食性は場所や植生によって簡単に変化するので、調査地域の情報を少し詳しく解説する。読者の方々はいま住んでいる地域とどの程度の差があるのかを考えながら読んでいただきたい。

●調査地の島根県浜田市

食性調査は島根県浜田市を中心とした地域で実施した（図14）。

この地域は、日本海型気候区に属しており、山地を中心に冬季季節風による降雪がある。年平均気温は沿岸部が一四～一五℃、山間部が一〇～一二℃で、年降水量は沿岸部が一六〇〇～二〇〇〇㎜、山間部が二〇〇〇～二三〇〇㎜である。

植生は海抜六〇〇～七〇〇ｍを境に、上部のブナクラス域と下部のヤブツバキクラス域に分けられる。ブナクラス域の自然植生であるブナ林はほとんどが伐採され、ミズナラ・カシワ林、スギ・ヒノキ植林が広がっている。ヤブツバキクラス域は、先述したイノシシの環境選択性調査を実施した地域と同様であるが、コナラ群落では高木層にコナラ、アベマキが優占し、亜高木層にリョウブ、エゴノキ、ウリハダカエデなどが、低木層にはサカキ、ヒサカキ、ヤブツバキなどが繁茂している。

沖積地や丘陵部斜面、山地谷筋には耕作地や住宅地が見られ、河川沿いの斜面にはスギ、ヒノキ、アカマツの壮齢林からなる針葉樹人工林が分布している。耕作地や植林としての利用が難しい急傾斜地には常緑広葉樹が分布している。

●捕獲個体の胃袋の内容物

調査では、脚くくりワナで捕獲されたイノシシ（平均二五八頭／年）の胃袋を収集し、その内容物を分析した。調査地域では誘引エサを用いた捕獲などは行なわれていなかったため、得られた結果は自然状態のイノシシの食性を反映していたと考えられる。

胃内容物は一㎜目のふるいで水洗し、ふるい上に残ったものを分析にかけた。分析方法の詳細は省くが、それぞれの食物項目が胃内容物に占める体積の割合を示す指標（占有率）を計測した結果を紹介する。

●植物食に偏った雑食性

毎年変わることなく確認されたのは、イノシシが植物食に偏った雑食性であったことと、食性が季節的に変化したことである。同様の結果は海外の研究でも報告されているため、これらはイノシシが持つ普遍的な特徴と考えられる。

ここで問題となるのは、食性の季節的な変化の仕方が年によって異なる可能性があることだ。しかし、幸いなことに調査地域では、その変化の仕方が年によって大きく異なることはなく、各食物項目の食べる量が多少増減する程度であることが確認された。

●季節的に変化する食性

そこで調査期間中のある年の結果を用いてイノシシの食性の季節的な変化について解説する。

春はタケノコ

図15は、イノシシの主要な食物項目の占有率の月ごとの動態を示している。

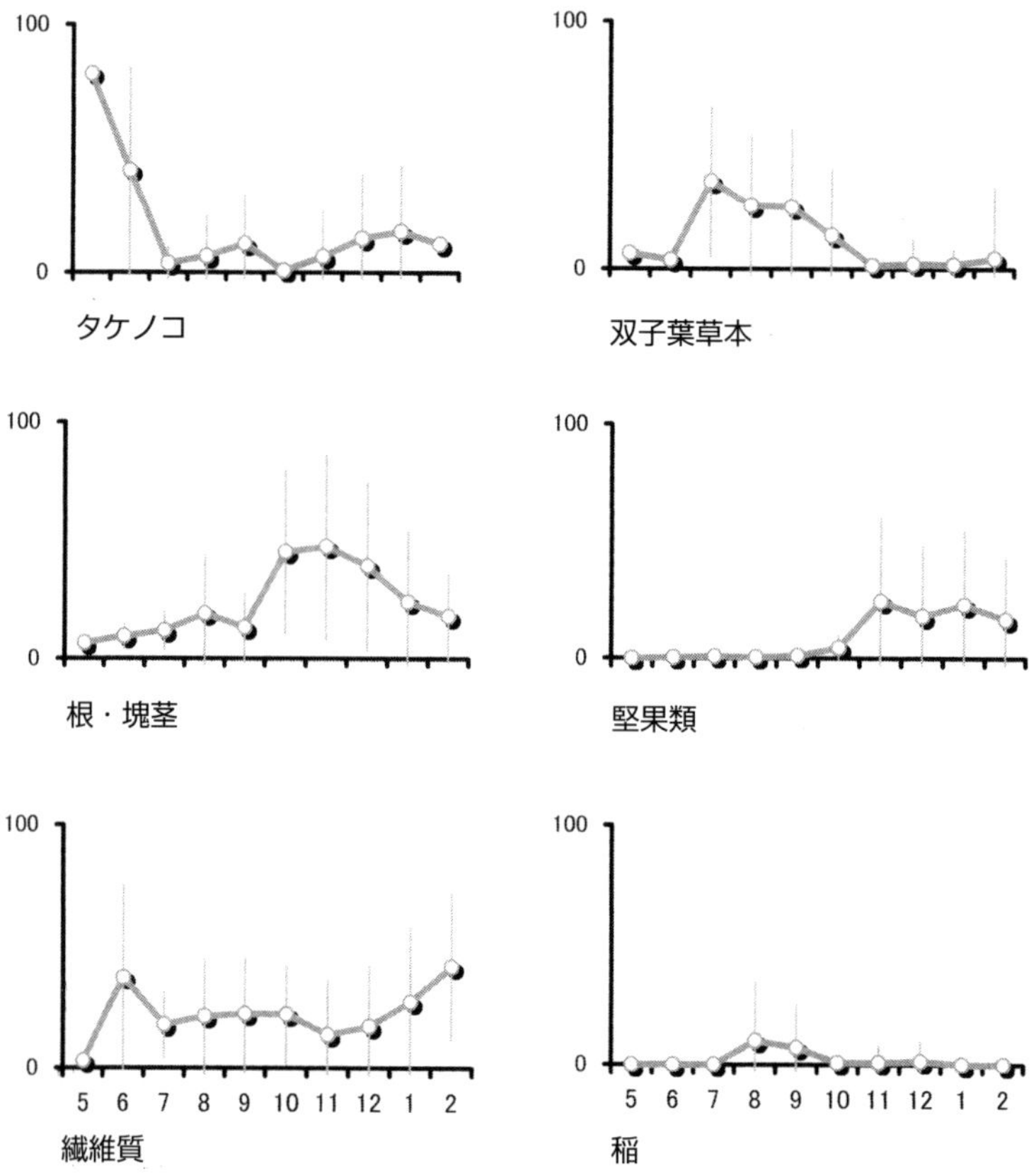

図15 イノシシの胃内容物占有率の季節的変化
Y軸は占有率（%）、縦棒は標準偏差を示す。

春期はタケノコを主に採食しており、五月では食物の八〇・四％、六月にはやや少なくなるものの四一・一％を占めている。

この地域ではマダケ、ハチク、モウソウチクが分布しており、タケノコの採食量の増加は、これらの発筍期と一致していた。

夏は草本の葉茎

しかし、タケノコが生長して木化する（硬くなって竹になる）七月にはその採食量が減り、草本の葉茎の採食量が増加した。特に葉茎が柔らかい双子葉草本は多く採食されており、占有率は七月が三五・五％、八月が二五・五％、九月が二四・九％であった。

これらの時期は草本の成長期にあたっており、タンパク質含有量が多い上に利用可能量が多かったため、採食量が増加したと考えられる。

秋から冬は塊茎

その後、季節が進んで植物が成熟期を迎え、草本の葉茎の灰分や繊維質の含有率が高まると、その採食量は減少した。

替わって採食量が増加したのは、秋・冬期に炭水化物を多く含有している塊茎（クズやヤマイモの根など）で、占有率は一〇月が四五・三％、十一月が四七・七％、十二月が三九・四％、そして一月が二三・八％であった。

年によって堅果類

また、同様の時期に堅果類（ドングリ）の採食量も増えるが、その増加し始める時期や減少し始める時期、占有率は年によって異なる。ここで紹介した結果は、堅果類の採食しはじめは遅く、占有率は低かったが、長期間食べ続けていた年の事例である。このような年による差は、堅果類の落下時期と落下量に影響されていると考えられる。

ちなみに島根県の事例では、堅果類の採食量が少なくてもイノシシの栄養状態は良好であった。これは堅果類が少ない場合でも塊茎を多く採食することで、十分なエネルギーを確保できることが原因のようだ。

どのようなエサを好むか？

イノシシ捕獲のためには、食性を理解しただけでは不十分で、さらにイノシシの食べ物に対する嗜好性について知る必要がある。

残念ながら日本ではこれに関する研

究も進んでいないため、フランスでの研究結果を紹介する。

●フランスでの研究によると

図16ではイノシシの食べ物を森林内にあるものと耕作地にあるものに区分し、嗜好性が高いものを上から順に並べている。イノシシは堅果類をもっとも好んで食べ、その次に乳熟期のトウモロコシを好む。

三番目に好むものとして森林内のトウモロコシが記載されているが、これは被害対策の一環で森林内に散布された乾燥トウモロコシである。

フランスではイノシシによる農作物被害への対応システムが確立しており、個体数調整や電気柵の設置では被害発生を止めることができないと研究者が判断した場合に限ってトウモロコシを森林内に散布することがあるのだ（ただし、その被害軽減効果については賛否両論がある）。

トウモロコシの次に好む食物はムギなどの穀物（乳熟期）である。日本では水稲がこれに該当するだろう。その後、草本類の葉茎、ヒマワリ、ブドウ、野草や木本の根・塊茎が続き、さらに嗜好性が低い食物としてジャガイモ・テンサイが挙げられている。

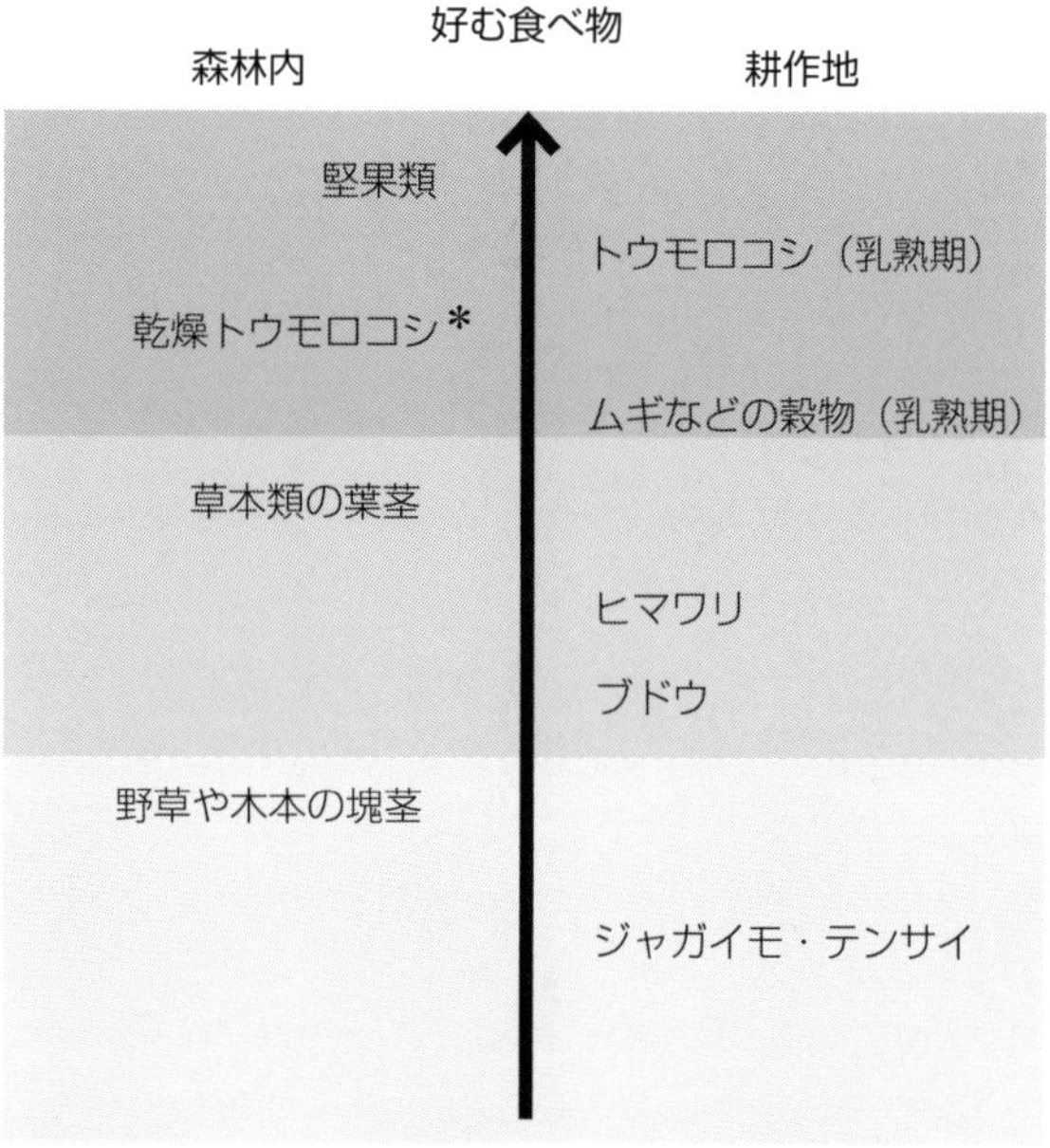

図16　イノシシの食物の嗜好性（フランスでの調査結果より）
＊フランスではイノシシによる農作物被害への対応システムが確立しており、個体数調整や電気柵の設置では被害発生を止めることができないと研究者が判断した場合に限ってトウモロコシを森林内に散布することがある。ただし、その被害軽減効果は賛否ともに存在する。

●相対的に嗜好性の高いエサ

以上の結果とイノシシの食性の季節的変化をあわせて整理すると、どの誘引エサをいつ使うべきかが明らかになる。

つまり、捕獲作業を行なう時期の森林内にある食物よりも嗜好性が高い食物を誘引に用いる必要がある。また、被害が発生している作物よりも嗜好性が高いエサを選択することも重要である。同じ食物ならば、森林内よりも耕作地、耕作地よりも箱ワナ内部に存在するものに対する警戒心が強くなるからだ。

●堅果類が多いときは給餌せず

さらに注意を要するのが堅果類の動向である。森林内での堅果類落下量が増加すると、どのような食物でも誘引力が極度に低下する。その状態ではイノシシが箱ワナに入る確率が極端に低くなるため、給餌を継続することは単なる餌付けになる危険性があるのだ。そのため、堅果類が落下しはじめた段階で給餌を止め、くくりワナによる捕獲に切り替えるなど計画的なワナの運用が求められる。

ちなみに、島根県や長崎県で私が学術捕獲をした際には、圧片トウモロコシの単体飼料を誘引エサに用いていた。両県の調査地ではトウモロコシが栽培されておらず農作物被害を誘発する危険が少なかったことや、堅果類落下時期以外ならば強い誘引力があるという利点があったためだ。ただし、堅果類が落下し始めた段階で給餌をやめるのはトウモロコシを使用している場合でも同じである。

誘引エサが及ぼす影響は？

箱ワナによるイノシシ捕獲の最大の欠点は、使用する誘引エサが野生動物に影響を及ぼす点である。イノシシに限らずタヌキやアナグマなどの哺乳類のほか、鳥類や昆虫類なども誘引エサの影響を受けることが予想されるが、これに関しては残念ながら研究が進んでいない。

しかし、イノシシに関しては、小寺ほか（二〇一〇）による結果がある。その調査は、統計学的に十分満足できるサンプル数ではないが、箱ワナの運用に際して重要な情報を示している。ここでは小寺ほか（二〇一〇）に一個体分のデータを追加した結果を紹介する。なお、調査は先に紹介した島根県邑智郡羽須美村（現在は邑南町）で実施した。

●イノシシの行動圏を調査

調査では、被害発生時期のイノシシによる生息地利用について把握すること、そして給餌でイノシシの生息地利

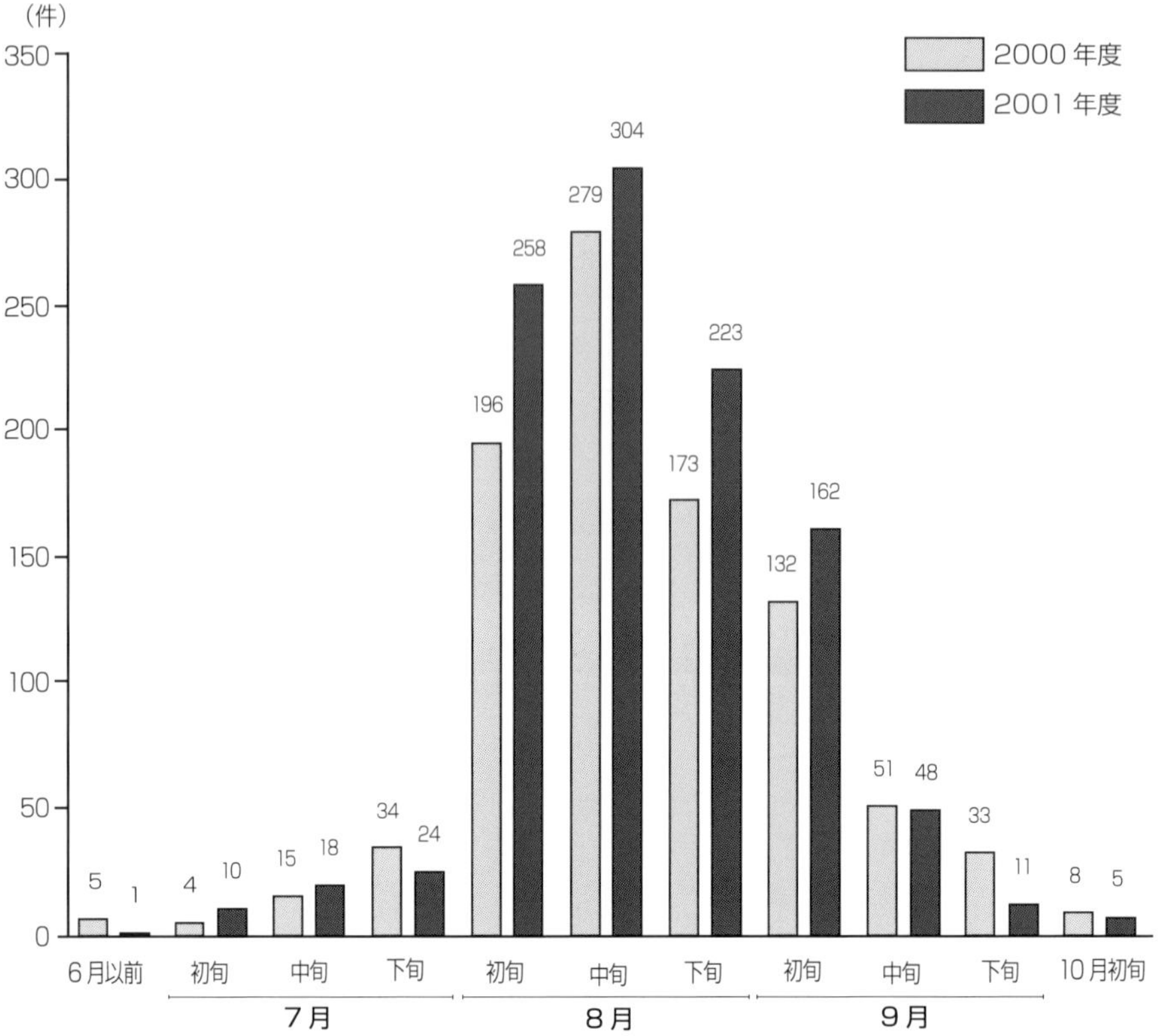

図 17　イノシシによる水稲被害発生件数の推移
2000 年度と 2001 年度の期間中、NOSAI 島根に報告されたもの。小寺ほか（2010）より引用した。

用がどのように変化するかを明らかにすることを目的にしていた。

　具体的には、まず農作物被害が多発する時期にイノシシの滞在場所を三〇分ごとに測定する調査を一週間行ないイノシシの行動圏を算出した。島根県の場合、イノシシによる農作物被害は水稲が大半を占め、その発生時期も八、九月に集中していた（図17）。その後、森林内に誘引エサを一週間散布し、イノシシが滞在していた場所を三〇分ごとに測定した。

　この結果をもとに誘引エサを散布した状況下での行動圏を算出し、エサ散布前の行動圏と比較したのである。なお、行動圏とは、動物の個体が食物の採集や繁殖行動、子育てなど通常の活動で利用する地域である。また、行動圏内でも動物の利用頻度が高くなる活動の中心地域をコアエリアと呼ぶ。

　ちなみに、この調査では一四個体を

捕獲したが、残念ながらすべての個体の位置測定はできなかった。動物の位置測定には相応の技術が求められるし、ゆっくりと睡眠をとることはできない。この調査は限られた人材と予算で進められたため、調査対象が延べ四個体に限定された。

●給餌前のイノシシの行動圏

55ページの図11は、被害発生時期のイノシシの行動圏を示している。行動圏面積は平均一一六・九（±一二・六〈ＳＥ〉）haで、個体Ａ-２００４が一三六・九ha、Ｂが一一六・七ha、Ａ-２００５が一三二・四ha、Ｃが八一・四haであった。また、個体Ａ-２００４とＢでは行動圏を貫くように耕作地が内包されたのに対し、個体Ａ-２００５とＣでは行動圏の外端部に耕作地が位置していた。さらに個体Ａ-２００４とＢのコアエリア内部では農作物被害の発生が確認された。

この結果は、被害発生時期でも加害個体（Ａ-２００４とＢ）と非加害個体（Ａ-２００５とＣ）が同時に存在している可能性を示唆している。また、加害個体と非加害個体の行動圏面積の差が小さかったことから、加害個体であっても農地に執着していない様子がうかがえる。

●給餌で行動圏が変形・縮小

図18は誘引エサを散布した状況下の行動圏を示している。個体Ａ-２００５とＣは行動圏の外側に、個体Ａ-２００４とＢは内側に誘引エサを散布した。

個体Ａ-２００５とＣでは、エサ散布地点の利用が確認されず、行動圏の位置や形状に大きな変化が見られなかった。いっぽう、個体Ａ-２００４とＢでエサ散布地点の利用が確認され、それぞれ行動圏が八三・三ha（自然状態の六〇・八％）、五一・六ha（同じく四四・二％）に縮小した。

また、行動圏の位置や形状もエサ散布地点を中心に大きく変化した。さらにコアエリアは三つに分かれ、そのうちの一つが給餌場所に、そのほかは小さな谷に形成され、休息場所として利用された。活動様式にも変化が見られ、エサ散布地点と休息場所の間を往復するといった様式に単純化した。

●調査結果からわかること

箱ワナの運用に関することに限ると、島根での調査結果から次の点が整理できる。

(1)農作物被害は加害個体（群）のコアエリア付近で発生している可能性がある。

(2)行動圏の外側にエサを散布した場合、イノシシを誘引できない可能性があ

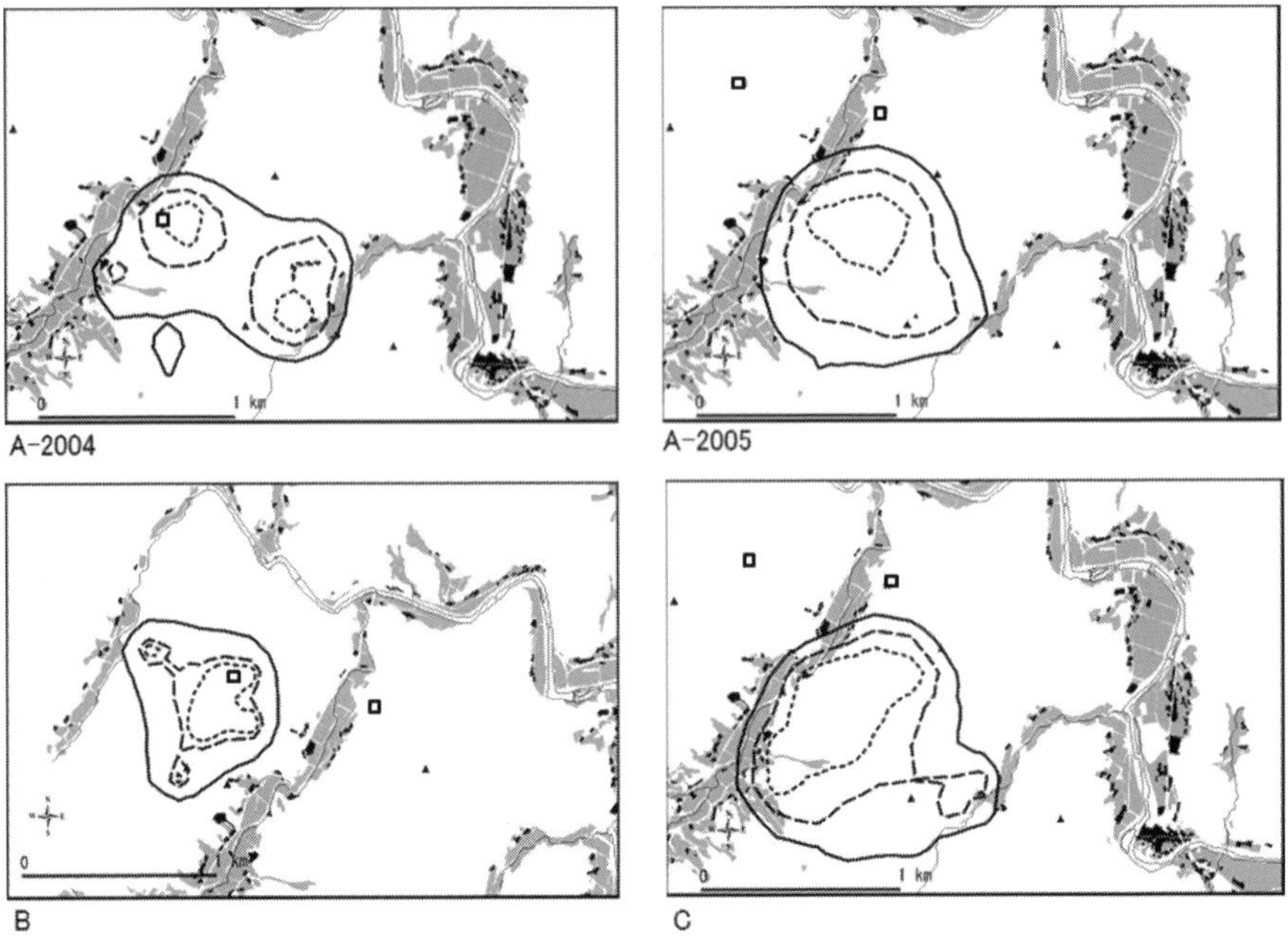

図18　給餌条件下のイノシシの行動圏
島根県邑智郡羽須美村（現在は邑南町）での調査。小寺ほか（2010）にデータを追加して改修した。黒塗りと灰塗りの地域はそれぞれ住宅地と耕作地を示す。また、実線と破線、点線は、それぞれ95%と75%、50%調和平均等位線を示している。□で示された地点に誘引エサを散布した。この調査では95%調和平均等位線内を行動圏、50%調和平均等位線内をコアエリアとした。

る。

(3)イノシシの行動圏内部にエサを散布した場合、散布地点を中心にイノシシの利用頻度が高まる可能性がある。

●ワナは六〇〇m以内に設置

(1)、(2)より、被害発生地点を中心としてイノシシの行動圏面積に収まる範囲内で捕獲作業を実施すれば、加害個体を捕獲する確率が高くなるが、それよりも離れた場所では加害個体を捕獲する確率が低くなると考えられる。

イノシシの行動圏はさまざまな形状に変化するが、円形と仮定して調査の結果で得られた行動圏面積（平均値一一六・九ha）を当てはめると、その半径は六一〇mになる。このことから、加害個体を捕獲するためのワナ設置場所は、被害発生地点から半径六〇〇m以内の範囲が目安になる（図19）。

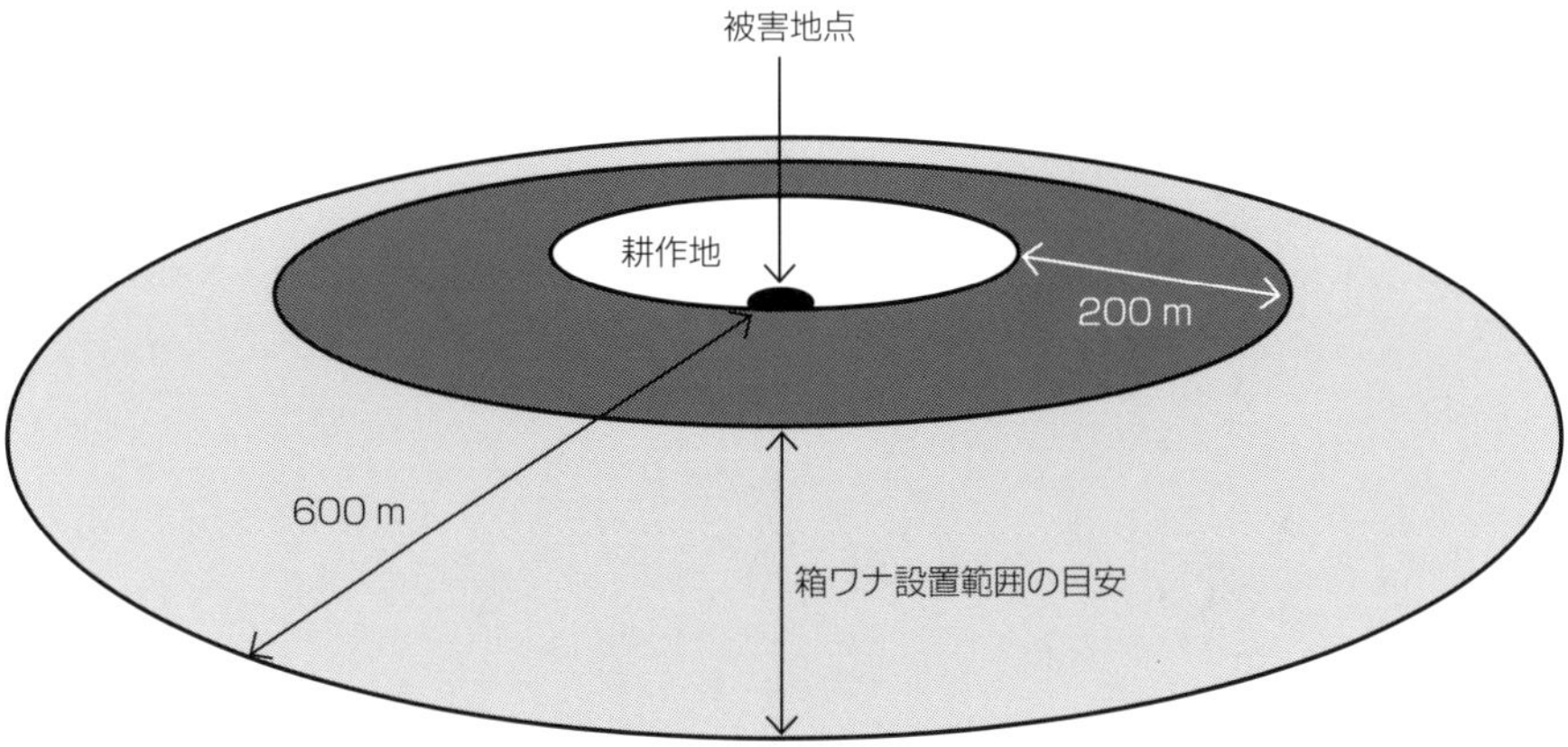

図 19　箱ワナ設置範囲の目安
被害発生地点から半径 200 m程度の範囲に箱ワナを設置した場合、被害を誘発する危険が生じる（色の濃い部分）。また、被害の原因となっているイノシシは、被害発生地点から半径 600 m程度の範囲内に存在する可能性が高い。そのため、色の薄い部分が箱ワナの設置場所として推奨される。

●なおかつ二〇〇m以上離す

そのいっぽうで、(3)を踏まえると耕作地近辺で箱ワナを運用した場合、被害を誘発する危険が予想される。

先の試算と同様にイノシシの行動圏とコアエリアが円形と仮定し、誘引エサの影響を受けていた個体の行動圏面積（八三・三haと五一・六ha）とコアエリア面積（六・三haと一〇・二ha）を当てはめると、その半径は前者が四〇五・三〜五一四・九m、後者が一四一・六〜一八〇・二mとなる。

そのため、誘引エサの散布による被害の誘発を可能な限り防ぐことを考えた場合には、耕作地から四〇〇〜五〇〇m以上離れた場所に箱ワナを設置すべきであり、それが困難な場合でも二〇〇m以上離れた場所に設置する必要がある。

耕作地と箱ワナの距離がこれよりも

短い場合には、耕作地での進入防止柵の設置や環境整備が欠かせないだろう。

出産期はメスの捕獲率が低下

森林内の食物の質や利用可能量、イノシシの食物に対する嗜好性のほか、エサの誘引力に影響を及ぼすものとしてイノシシの繁殖状態が挙げられる。

人為的給餌が行なわれていた六甲山の個体群では出産直後から二〜三週間程度の期間、出産したメスはエサ場に出没しないことが報告されている。そのため、イノシシの出産期とその後半月程度の間は、メスの捕獲効率が低下すると考えられる。

ちなみに、一九九七年度から二〇〇三年度にかけて著者が島根県で実施したイノシシの繁殖に関する調査では、十二〜二月に交尾期が確認された。本種の妊娠期間は約四カ月であるため、島根県では四〜六月が出産期にあたる。

■箱ワナ・囲いワナによる捕獲■

イノシシ捕獲の実際

大雑把なやり方は警戒心を高める

箱ワナでの誘引エサの散布は、捕獲の目的やイノシシのワナに対する警戒の度合いによってさまざまな方法が存在する。

ここでは農作物被害対策としての群れ全体捕獲を目的とし、イノシシが箱ワナの危険を十分認識している地域での散布方法を紹介する。

箱ワナに対するイノシシの警戒心が低い地域では大雑把な方法でも捕獲可能だが、そのような箱ワナの運用を継続すると、若齢時期に捕獲を逃れた個体に対して箱ワナの危険性を繰り返し学習させることとなる。

その結果、将来的に箱ワナでは捕獲できない個体を増加させる危険が生じる。

なお、ここでは、草刈りなどの環境整備や進入防止柵の設置がすでに完了している地域でのイノシシ捕獲を前提としている。

箱ワナ・囲いワナを設置する場所

85ページの図19でも紹介したが、理想的な箱ワナ設置範囲は、被害発生地点を中心として半径二〇〇m以上離れ、かつ半径六〇〇m以内の地域である。実際には図20のように耕作地近辺の環境整備地帯ではなく、そこからさらに離れた森林内などへの設置が想定される。

また、農作物被害対策としての捕獲では加害群と非加害群を区別すること

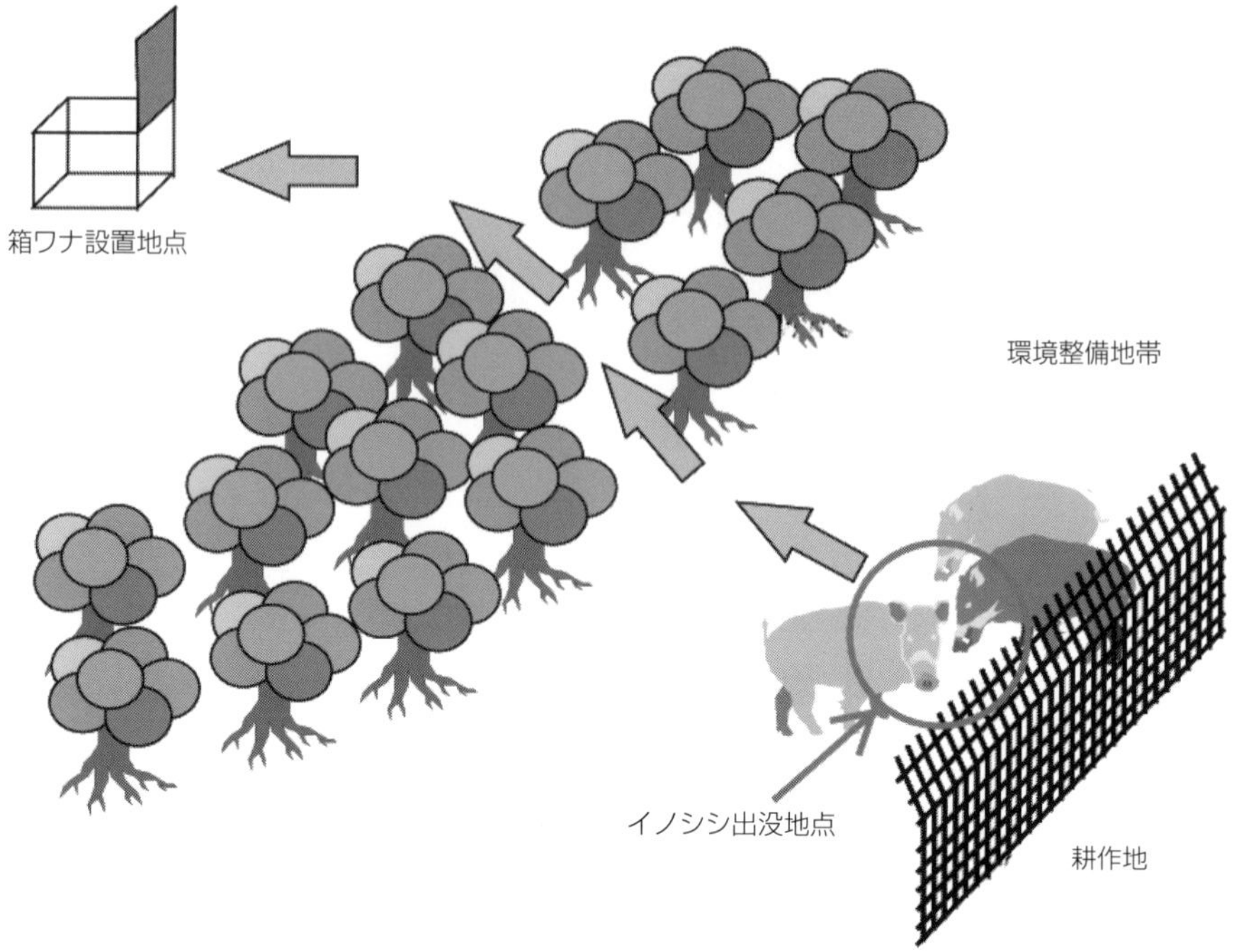

図 20　イノシシ捕獲の理想的なイメージ
進入防止柵の設置と環境整備が済んでいる地域では、隠れ場所のない環境整備地帯に出没・滞在しているイノシシが農作物被害を引き起こす可能性がある。そのため、環境整備地帯に掘り返しなどの痕跡を残している個体や群れが捕獲対象になる。まず、足跡の大きさや数を確認して捕獲対象の群れ数や規模（個体数）を把握し、それらのすべてを耕作地から遠ざけるように誘導する。適切に誘導できれば捕獲完了までの期間、農作物被害の発生が抑制できる。

が重要だが、環境整備地帯があり進入防止柵の設置が完了している地域では容易に区別できる。環境整備地帯に出没し、掘り返しなどの痕跡を残しているイノシシの群れが加害する可能性が高いからだ。

そのため、環境整備地帯に出没している群れの頭数を確認し、それらの個体を森林内部、そして箱ワナへと誘導して捕獲すればよい（図21）。

この方法を用いれば、ワナへの誘引と同時にイノシシを耕作地から遠ざけることができるといった利点も得られる。農作物被害対策としての捕獲では、誘引開始から捕獲完了までの間も可能な限り被害を発生させないことが重要である。

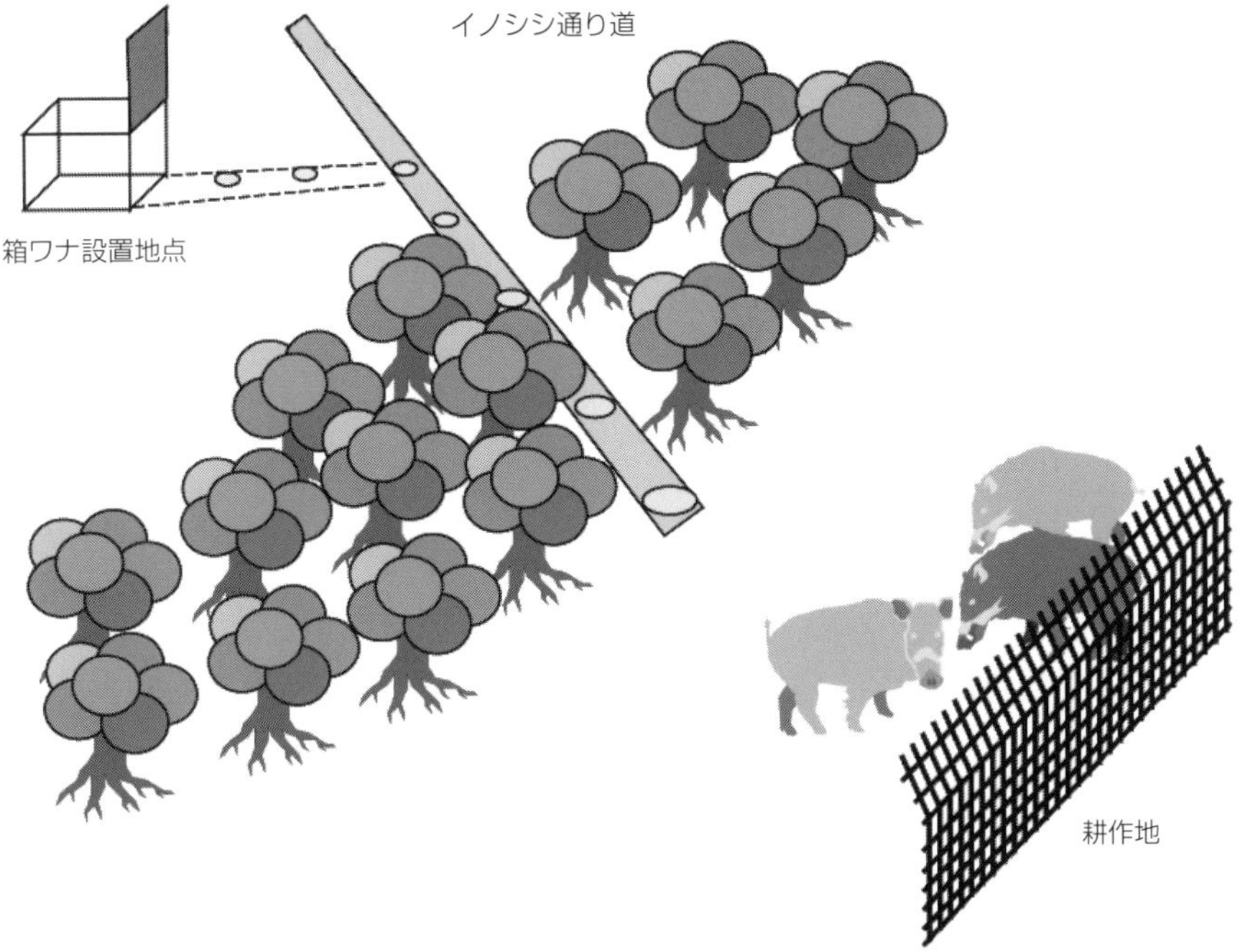

図21　箱ワナでの1回目の誘引エサ散布方法
最初に誘引エサを散布する場合、環境整備地帯にある痕跡からイノシシの通り道、そして箱ワナに向け、少量のエサを10～20m程度の間隔で点々と散布する。可能な限り短い時間で箱ワナまで誘導するためには、誘引力が強いエサを用いること、イノシシの利用頻度が高い通り道にエサを散布すること、イノシシが目視で確認しやすい場所にエサを散布することが求められる。また、この段階で箱ワナの扉が閉まるきっかけとなる装置・部品をセットしつつも、扉だけが閉まらないようにしておく必要がある。

誘引エサ散布1——出没地点

誘引エサ散布のポイントはいくつかあるが、①環境整備地帯にあるイノシシの痕跡から森林内のイノシシの通り道、そして箱ワナへと誘導するように、②誘引力の強いエサを少量ずつ一〇～二〇m間隔で散布することが基本である。

●一回一個体五〇〇g以下で

たとえば圧片トウモロコシの場合、片手で一～二つかみ程度を一〇～二〇m間隔で散布する。多量にエサを散布すると早々にイノシシの食欲が満たされ、箱ワナまでの到達が遅れる可能性がある。

図22は、一九九四年と一九九七〜二〇〇〇年、二〇〇二〜二〇〇四年の間に著者が島根県で計測したイノシシの胃内容物重量（湿重量）の分布を示している。平均重量は五七二・一（±一七・二SE〈n＝一四三八〉）gで、一四三八個体中一二一三個体の胃内容物重量が一〇〇〇g未満であった。中には一四〇〇〇gにも達する個体が確認されたが、ごくまれなケースである。

この結果を踏まえると、イノシシの食欲を満たさないように誘引するためには一回につき一個体五〇〇g以下のエサ散布が目安となるだろう。仮に六個体の群れを誘引しようとする際には、一回につき三kg以下のエサ散布となる。

●誘引エサを散布する場所

効率的に誘引するには

誘引力の強いエサの選択や、イノシシの利用頻度が高い通り道での散布、イノシシが目視で確認しやすい場所への散布といった工夫が求められる。

通り道、上空の状態を確認

そのいっぽうで、エサを散布する場所や箱ワナ設置場所の上空が開けていた場合、カラスやハトなどの鳥類が誘

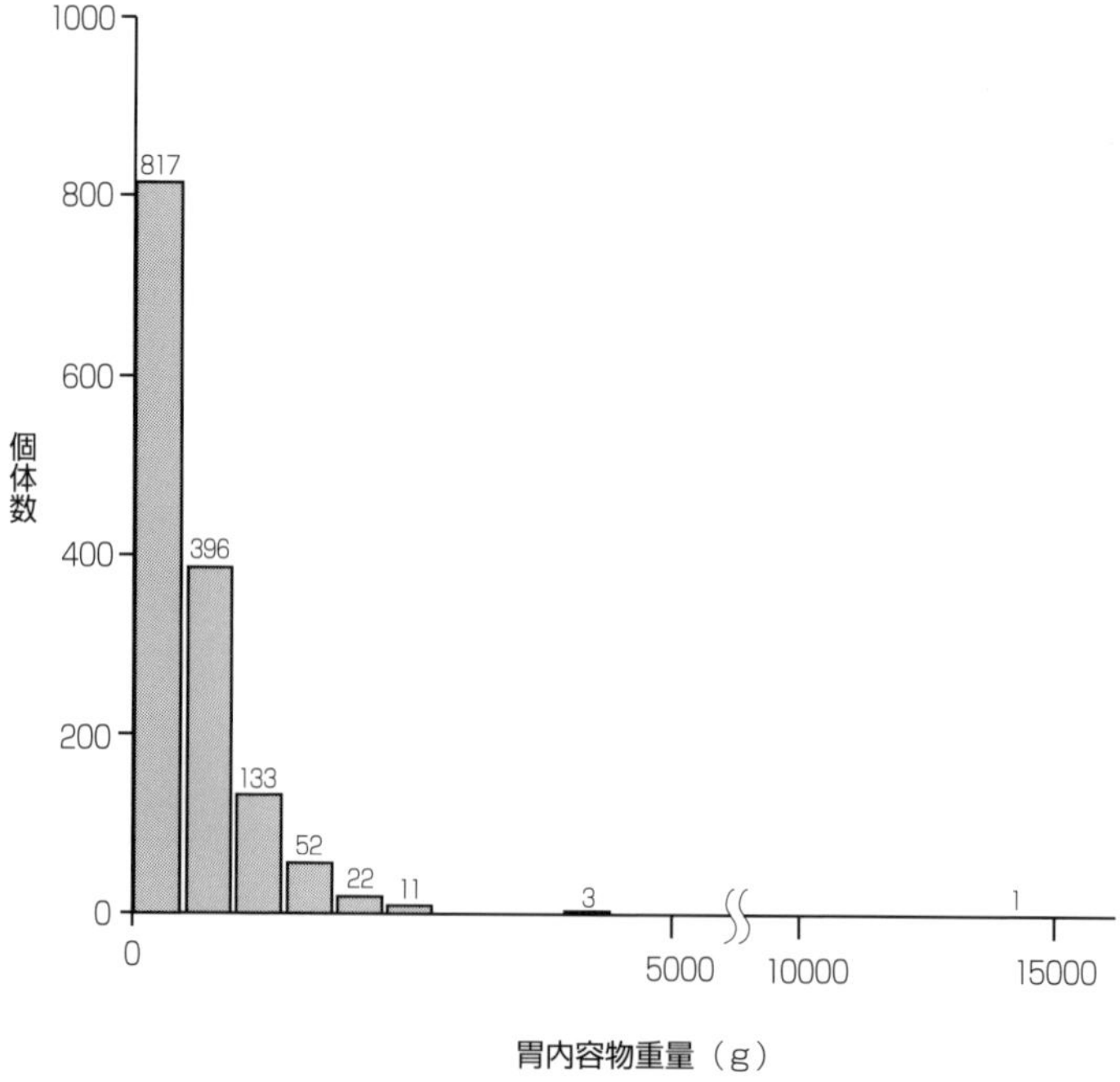

図22　イノシシの胃内容物湿重量（g）の分布
1994年度と1997〜2000年度、2002〜2004年度の期間、島根県浜田市で捕獲された個体。計測した胃内容物湿重量を500 gごとに区分し、各区分ごとの個体数分布を示した。総数1438個体で、すべての個体が脚くくりワナにより捕獲された。平均湿重量は572.1（±17.2 SE）gであった。

引エサを短時間で食べ尽くす可能性が高くなるため注意が必要である。つまり、利用頻度の高い通り道の位置や上空の状態を確認することは、箱ワナの設置場所を選定する際のポイントにもなる。

ワナは扉以外すべてセット

また、エサ散布を開始した段階で、箱ワナの扉が閉まるきっかけとなる針金や釣り糸、丸太などはセットしつつも、扉だけが閉まらないようにしておく。イノシシが箱ワナの危険を十分に認識している場合には、針金や釣り糸の張り方が変化しただけでそれらを避けることがあるからだ。

周囲のワナにも注意する

さらに周囲に設置している箱ワナにも注意する必要がある。不適切なやり方でエサを散布していて、誘引エサを

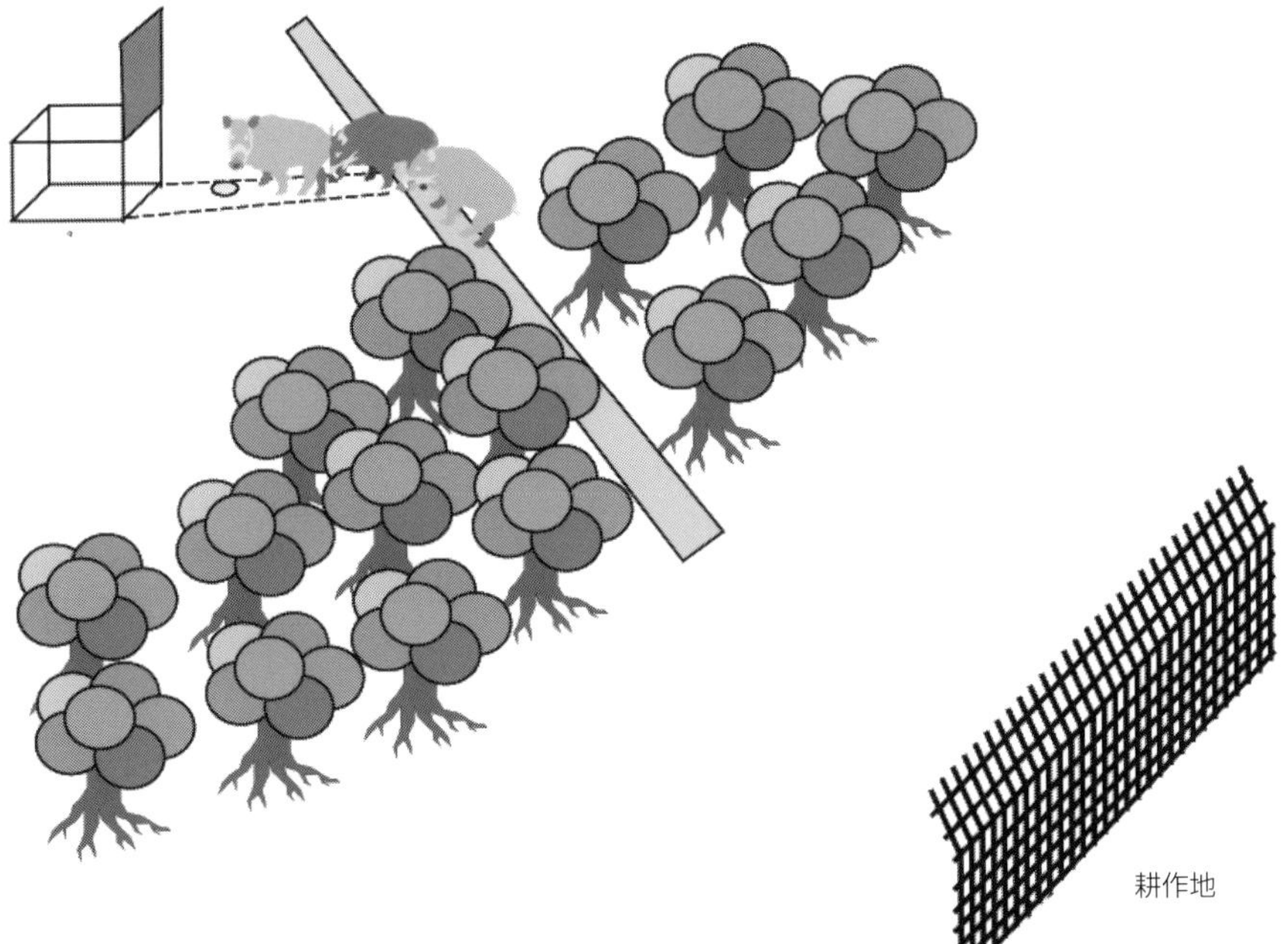

図23　箱ワナでの2回目以降の誘引エサ散布
イノシシが完食した場所にはエサを散布せず、他の生物の採食により目減りした箇所のみエサを補充する。通常、イノシシの通り道上のエサは初回の散布から1～2日後までに完食している。箱ワナが見える場所のエサは、イノシシの警戒心の強弱によって消費の仕方に違いが出る。

食べられ放題になっている箱ワナが近隣に存在すると、それによりイノシシの食欲が満たされるため、適切なエサの散布をしてもイノシシがワナ内部に入らない場合もあるのだ。

●完食した場所には散布しない

89ページの図21に示した通り、初回のエサ散布では環境整備地帯のイノシシ出没地点から箱ワナの間に点々とエサをまく形になる。そして、二回目以降のエサ散布でポイントとなるのは、イノシシがエサを完食した場所には散布せず、ワナに近い地点のエサで、昆虫に食べられるなどして少なくなったものだけを補充することである。適切な散布が実施された場合、初回の散布から一〜二日後までに通り道上のエサを完食しているのが一般的である（図23）。

しかし、箱ワナが見える場所に散布されたエサは、地域によって差が生じる。警戒心が弱いイノシシが生息する地域では、早々に箱ワナの前に散布されたエサまで採食するが、イノシシが箱ワナの危険を十分認識している地域では箱ワナ近辺のエサを食べないか、若齢個体だけがワナ近辺のエサを採食して成獣はワナに近づかない。群れ全体の捕獲ではなく単独個体もしくは若齢個体だけの捕獲を数年間続けた場合、後者のような状態が生じる。

誘引エサ散布2 ——ワナ近辺

●ワナの入り口にはやや多めに

箱ワナまでは少量のエサを一〇〜二〇m間隔で散布することが基本となる（写真16）が、図24のように箱ワナ入り口の外側と内側にはやや多めにエサを散布する（写真17）。また、イノシシが完食した場所にはエサを散布しないこともポイントである。これは、警戒心が強い群れをワナに近づけるためである。

通常の警戒心が強い個体の場合には、箱ワナが見える場所でのエサの採食が一度止まったとしても、適切にエサを散布すると数日後には箱ワナ入り口の外側にあるエサに手を付けはじめる。

●極度に警戒心が強い個体には

この時に注意を要するのは極度に警戒心が強い個体の存在だ。

極度に警戒心が強い個体はワナに接近しないため、箱ワナによる捕獲が困難なのだ。こうした個体は、脚くくりワナなど別の方法で捕獲したほうが効

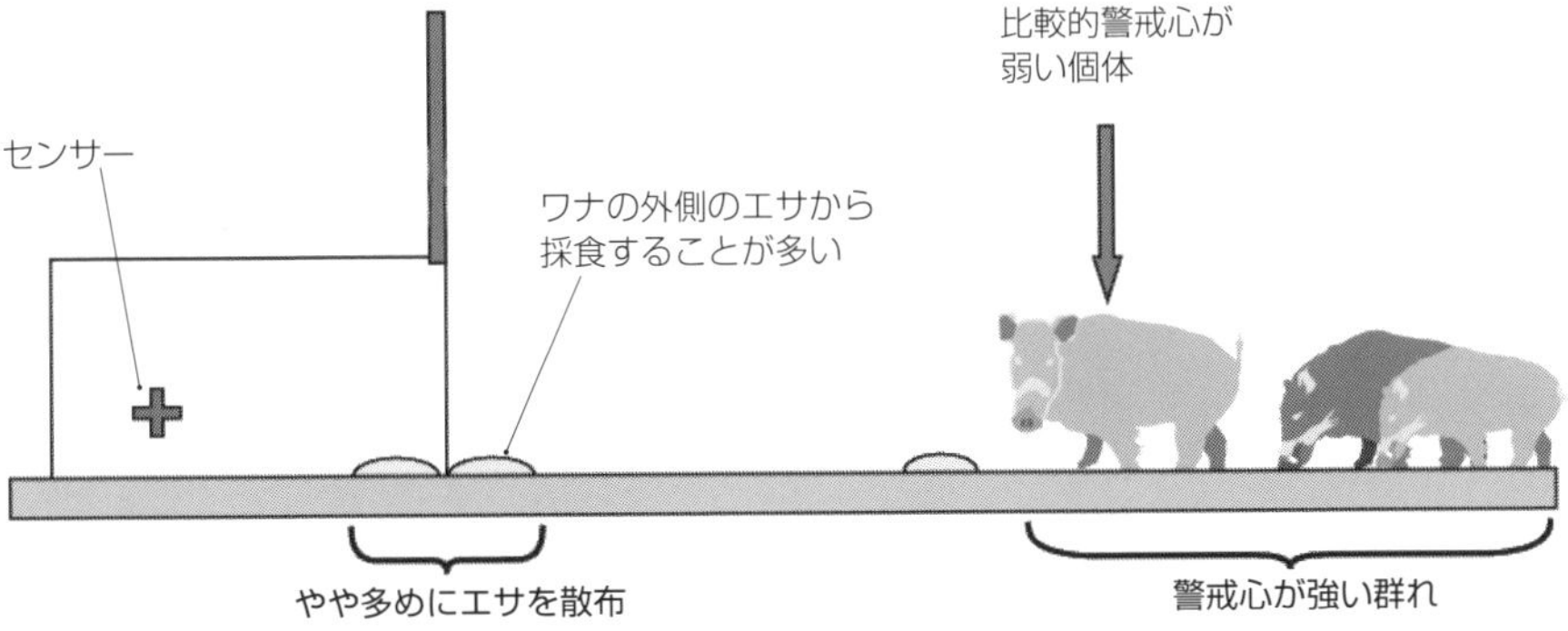

図24　箱ワナへの接近前段階
警戒心が強いイノシシの群れは、箱ワナを目で確認できる場所までくるとワナへの接近をいったん停止する。その後、群れの中でも警戒心が弱い個体から接近を再開する。

写真16　箱ワナまで少量のエサ（圧片トウモロコシ）を10～20m間隔で散布する

写真17　箱ワナ入り口近辺のエサの散布方法
ワナ入り口の外側と内側にやや多めに、または多く見えるように散布する。

率的である。

たとえば、フランスでは箱ワナや囲いワナに対して強い警戒心を持つ個体が一部で生じ、それらを捕獲するために特殊なワナを用いている（59ページの写真3、4参照）。

●エサの相対的な誘引力に注意

極度に警戒心が強い個体の存在確認は重要な作業だが、シイ・カシ・ナラ・クリ、ブナなどの堅果が多数地面に落下している地域（あるいは時期）や誘引力が弱いエサを使用している場合には注意が必要である。なぜならば、これらの条件のどちらかが満たされると極度に警戒心が強い個体でなくてもワナに接近しなくなる可能性があるからだ。誤った判断をしないよう気をつけていただきたい。

写真18　ワナ入り口外側のエサを中心に採食された状態（写真17の翌日）
前脚をワナ内部に入れず、首を突っ込むだけで食べられる部分も少し採食している。

写真19　ワナ入り口外側のエサが採食された状態（写真18とは異なる日に別の群れが採食）
この状況でイノシシが完食した箇所にエサを散布するとワナ内部にイノシシが入らない。ワナ内部に誘導するようにエサを散布する。

誘引エサ散布3 ——ワナ内部

●ワナの外側→内側→中央→奥

ワナへの警戒心が強い群れでは、その中でも比較的警戒心の弱い個体がまず箱ワナ入り口の外側にあるエサを採食する（写真18）。そして、次にその個体が前脚を箱ワナ内部に入れなくても採食可能な部分のエサを食べる（ワナへの接近初期段階、図25、写真19）。この時もイノシシが完食した場所にはエサを散布しない。

つまり、イノシシが箱ワナ入り口外側のエサを食べたら、そこにはエサを散布せずに箱ワナ入り口付近内側のエサを補充し、箱ワナ入り口付近内側のエサを完食したら箱ワナ内側中央部にエサを散布する。そうするとイノシシはワナの内側に前脚を入れてエサを食べるようになる（接近第二段階、図26）。このようにして箱ワナの奥まで誘導する。

●エサを食べてくれない場合……

よく、「ワナの入り口までイノシシがきているのに中に入らない」といった相談を受けることがある。その原因として考えられるのは、箱ワナのバリアフリーが不完全である（69ページ参照）か、誘引力が弱いエサを使用していることである。これらを改善すれば、イノシシがすんなりとワナ内部に入る可能性が高い。

また、扉が閉まるきっかけとなる針金や釣り糸、丸太といったトリガーのセンサー手前側のエサは完食するものの、その奥のエサを食べないこともある（接近第三段階、図27）。これに対

図 25　箱ワナへの接近初期段階
群れの中でも警戒心の弱い個体がワナに接近する。しかし、警戒心を解いてはいないため、ワナ内部に脚を踏み入れない。

図 26　箱ワナへの接近第 2 段階
警戒心の弱い個体が少し警戒心を解きはじめ、ワナ内部に前脚を入れはじめる。

図 27　箱ワナへの接近第 3 段階
ワナ内部に前脚を入れ始めた個体の警戒心がさらに低下し、後脚もワナ内部に踏み入れる。ただし完全に警戒を解いていないため、センサー部分で進入を止める。センサー奥のエサは食べない。

図 28　箱ワナへの接近第 4 段階
警戒心が弱い個体はワナに対する警戒心を解き、センサー奥のエサを採食する。しかし、警戒心の強い個体が存在しているため、この段階で扉を閉めても群れ全体の捕獲はできない。

図 29　箱ワナへの接近最終段階
群れのすべての個体がワナに対する警戒心を解き、センサー奥のエサを採食する。この状況を確認後に扉が閉まるようにセットする。

してはセンサーの奥のみにエサを散布してイノシシを誘導する。すると群れの中でも警戒心が弱い個体がセンサー奥のエサを採食しはじめる（接近第四段階、図28）。

●センサーは扱われるたびに直す

さらに接近第三段階、第四段階に至るとセンサーが頻繁に壊されたり動かされたりするが、その度に直しておく必要がある。これは、「常時直っていて当たり前」、「センサーが直っていても危険がない」とイノシシに学習させるためである。これらを修理せずに放置しておいて、いざ扉を閉めようという時に直すと、警戒心が強いイノシシはセンサーに触らなくなるからだ。

ワナの扉を閉めるタイミング

イノシシがセンサー部分まで入り込むようになれば、あとはワナの扉を閉める時機が重要になる。これまで箱ワナはイノシシを群れごと捕獲する道具であることを強調してきたが、一回の捕獲で一、二頭しか捕獲できていない地域や、ウリ坊だけしか捕獲できていない地域では、誤ったタイミングで扉を閉めている可能性が高い。

●まだ警戒している接近第三段階

接近第三段階では、警戒心が弱い個体でも完全には警戒を解いていないため、物音やセンサーとの接触だけでワナから逃げ出そうとする。また、警戒心が強い別の個体が入り口付近に滞在している可能性が高い（95ページの図27参照）。

この段階で扉を閉めてもイノシシを群れごと捕獲することは不可能である上に、入り口付近にいたイノシシに扉が当たればセンサーまで到達していた個体も脱出する可能性がある。しかも、弱かった警戒心を強めることにもなるのだ。

●接近第四段階から最終段階まで

接近第四段階でも扉を閉めることは薦められない。この段階で扉を閉めた場合、運がよければワナへの警戒を解いた一個体を捕獲できるかもしれない。しかし、イノシシを群れごと捕獲するという目的から外れる上、第三段階と同様に入り口付近にいた個体に扉が当たれば全個体が脱出してしまうこともある（図28参照）。

イノシシを群れごと捕獲するためには、図29に示した最終段階を確認した上で扉が閉まるようにセットする必要がある。通常、接近第四段階を確認した一、二日後には最終段階に到達することが多いが、ワナ内部のエサの食べ方や足跡の付き方から判断することが理想的である（写真20）。

●警戒心が低くても最終段階で

以上、イノシシの誘引方法を解説したが、これはイノシシが箱ワナの危険を充分認識している地域での方法である。

イノシシの警戒心が低い地域では、前述した接近第一～四段階のすべてまたは一部が省かれる場合もある。しかし、最終段階を確認した上で扉が閉まるようにセットする手順は変わらない。各地域のイノシシが、どの程度の警戒心を持っているか見極めながら箱ワナを運用する必要がある。

　また、適切な管理を実施していたとしても、近隣に管理が不適切な箱ワナや囲いワナが存在するとイノシシが誘引できない場合もある。そのため、管理が不適切なワナが生じぬよう努力しなければならない。

写真 20　ワナへの接近最終段階。ワナ内部のエサを完食している
センサーである丸太（矢印）は、写真中央の立木の裏側にセットしていたが、イノシシによって落下、移動させられた。

無人撮影装置がおすすめ

　イノシシがどの程度の警戒心を持っているのか、どの接近段階に達しているのか、自分では判断できないという方には、無人撮影装置の活用がおすすめである。最近は、動画も撮影可能な小型の無人撮影装置が比較的安価で販売されているので、それらでワナに接近するイノシシの様子を撮影すれば、どの接近段階なのかが誰にでもわかる。

　無人撮影装置を購入する場合には、Cabela's（http://www.cabelas.com/）のサイトが便利である。トップページから「Hunting」のタグをクリックし、次に「Trail Cameras」をクリックすると購入可能な無人撮影装置の一覧が表示される。製品ごとの価格や性能はさまざまあるので、どれを購入するかは各自で判断する必要はあるが、少なくとも赤外線撮影と動画撮影が可能なものを選択したほうがよい。

　なお、価格は送料五〇$と合わせて二〇〇～四〇〇$程度である。また、各無人撮影装置の性能を比較している Trail Cam pro（http://www.trailcampro.com/）というホームページも存在している。

捕獲後の移動と捕殺

ワナから小型オリに移動

●人間の気配を感じると暴れる

箱ワナ内のイノシシは、人間の気配を感じると暴れはじめる。その状況を放置すると、ワナを破壊して逃亡したり、イノシシが怪我をして食肉に不向きな肉質になることもある。また、複数の個体がワナ内部で動き回っていると安全に捕殺作業を進めることが困難になる。そのため、速やかに捕獲個体の動きを制限し、落ち着かせる必要がある。これらの作業は決して難しくない。

●ワナの壁面に目隠しをする

イノシシは、目視で安全確認できないところに突進しない習性を持っているので、まずはこの習性を利用して個体を落ち着かせる。つまり、ワナの壁面を不透明なシートで覆い目隠しをする。これだけでイノシシはワナの壁面に突進することをやめる。

ちなみに、長崎県の学術調査では小型の囲いワナを使用したが、防草シートを目隠しに利用した（写真21）。このシートは一×二〇

写真 21　防草シートの目隠しにより囲いワナ内の捕獲個体は壁に突進しなくなる

写真22　移動用の小型オリ
学術調査に用いたもので、効率的に作業するため両開き式にしている。

写真23　小型オリを並列に設置して捕獲個体を小分けに
小型オリの左側が囲いワナの入り口。2台を並べ、奥のオリにやや大きな個体、手前のオリに小さな個体を入れた。

m程度で、たるみ防止のため数メートルごとにハウスのパイプ（長さ一m）をパッカーで装着したものである。

●ワナに小型オリを対面設置

次に移動用の小型オリ（檻）をワナと対面させる形で設置する。この状態でオリの入り口を開け、その後にワナの入り口を開ける。すると、イノシシは視界が開けた方向に移動する。つまり、捕獲個体がみずからオリに入るので、そのようすを確認しながら入り口を閉める。

ただし、この時にオリのそばに人間の姿が見えるとイノシシが移動しないので、人の立ち位置に気を付けなければならない。また、入り口の開放順を逆にすると、オリを開けるのに手間取った場合に、ワナとオリのすき間から捕獲個体が逃亡することがあるので注意が必要である。

●オリの壁面は透明な素材で

この作業で使用する小型オリは、イノシシの視界を妨げない金網などの素材を側面に用いる必要がある（写真22）。いっぽう、オリの上部にはコンパネなど不透明な素材を使用すると入り口の開閉作業の際に便利である。オリの上に人が上がって作業をすれば、安全を確保できる上、イノシシに人間の気配を悟られないからだ。

また、複数のオリを並列に設置することで多数の捕獲個体を小分けにできるので（写真23）、オリの幅はワナ入り口の二分の一～三分の一にしておくと便利である。なお、オリの奥行きは六〇～九〇㎝で十分である。奥行きを長くし過ぎると、イノシシがオリ内部で活動しやすくなり、捕殺作業が難しくなるからだ。

ちなみに、島根県邑智郡美郷町にある「おおち山くじら生産者組合」では、二〇〇四年度にイノシシ捕獲研修を行ない、現在もこの方法によって捕獲したイノシシを加工施設まで生体搬入して処理している。

安全なところで捕殺作業

●感染リスクを極力減らす

捕獲個体を傷つけずにオリに移して運搬できることは、箱ワナや囲いワナの利点といえる。なぜならば、作業員の安全確保が可能になるからだ。

イノシシの解体では、豚丹毒やトキソプラズマなどに感染する可能性があるので、殺処分時の作業員の感染リスクを極力減らす必要がある。

そのためには、作業員が負傷しないように安定した平地まで搬出しての殺処分が理想的である。作業員が負傷しても早急に処置できる場所であればなおよい。

●水洗して興奮を収める

また、捕獲されたイノシシは興奮している場合が多いが、ホースなどを用いて水洗すると興奮が収まり、殺処分しやすくなる。さらに、この利点は捕獲個体を食肉利用する際にも有効だ。

この場合、食肉の安全確保も必要になるが、加工施設まで生体を搬出することで活動性を含めた個体の健康状態を確認できるし、水道施設を利用できるので清潔な衛生条件下での屠殺・解体処理が可能になるからだ。

●動きを制御して止め刺し

殺処分方法は、オリの外部から角材などを差し込んでイノシシの動きを制限した上で止め刺しする方法や、イノシシの後脚二本それぞれをワイヤーで括って持ち上げ（大きなイノシシでも両方の後脚を持ち上げられると自由に動けなくなる）、さらに鼻をワイヤーで括って捕定した上で止め刺しする方法など、さまざまあるが、安全確保を第一に考えて選択してほしい。

●学術捕獲での耳標の装着

ちなみに学術捕獲で四〇kg程度（作業員一人で持ち上げられる重さによる）までのイノシシに耳標を装着する時（経験を積んだ研究者が三名程度いる場合）には、入り口が上になるようにオリを倒して捕獲個体の動きを制限した上で、イノシシの後脚をつかんで持ち上げてオリから出し、仰臥台《ぎょうがだい》の上で仰向けにして腹部と前脚の付け根部分、下顎の頸部側を保持して捕定する。この方法は経験を積んだ研究者の下でしっかり指導を受けた上で行なわなければならないが、仰臥台上での止め刺しも可能である。

●犬歯に注意し、皮手袋を

いずれにせよ、イノシシは犬歯が武器であるため、頭部周辺に不用意に手を出さないように注意することと、作業にあたっては革手袋（木綿などの軍手では役に立たない）の装着を忘れないことが重要である。これは幼獣（ウリ坊）を扱う際にも当てはまる。幼獣の歯牙は、成獣に比べて薄く鋭くなっているため、咬まれるとよく切れるのだ。小さな個体であっても油断せず、万全の体制で臨む必要がある。

住宅地に出没した場合の捕獲法

住宅地に出没したイノシシの大捕物の報道がある。テレビの映像を見ると、網を用いて生け捕りしようとしている場面を見ることがある。しかし、網は見通しがきく素材であるためイノシシの突進を止めることはできない。そのため、網を用いた方法では安全な生け捕りが難しく、人身事故を誘発する危険がある。

そこで、このような場合、箱ワナから小型オリへ移動するときの方法を応用するとよい。目視で安全確認できないところにイノシシが突進しない習性を利用するのである。見通しがきく網ではなく、コンパネなどを並べて移動用のオリや山林までイノシシを誘導するのだ。

この方法で注意しなければならないのは、コンパネ同士、コンパネと地面の間に隙間を作らないことである。わずかな隙間があれば、そこからイノシシが逃亡する可能性が生じるからだ。また、イノシシの逃げ道を確保することも重要である。完全に逃げ道を断つと、イノシシが障害物を飛び越そうとするからだ。

問題はイノシシが住宅地に出没したからといって、ただちに必要な数量の資材を集めることは困難である点だ。これに関しては、行政などの関連機関が連携し、日頃から準備しておく必要があるだろう。

第4章

脚くくりワナによる捕獲

ワナの基本的な特徴

●餌付け個体が生じない

箱ワナや囲いワナによる捕獲は、他の方法に比べて高い技術を必要としないいっぽうで、誘引エサの散布による動物への影響の排除がきわめて困難であるという欠点を持っている。これに対して脚くくりワナによる捕獲は、誘引エサの散布を必要としないため動物の行動に与える影響が小さく、ワナの設置によって餌付け個体が生じることはない。

そのため、加害個体を捕獲するための設置場所は被害発生地点から半径六〇〇m以内の範囲が目安（図30）となり、耕作地と近接した地域でも使用可能である。この点で箱ワナや囲いワナよりも優れた捕獲方法といえる。

また、適切な技術を持って使用した場合には効率よくイノシシを捕獲できる。しかし現実的には、その技術が正しく伝達される機会が少なく、脚くくりワナの有用性が生かされていないようである。

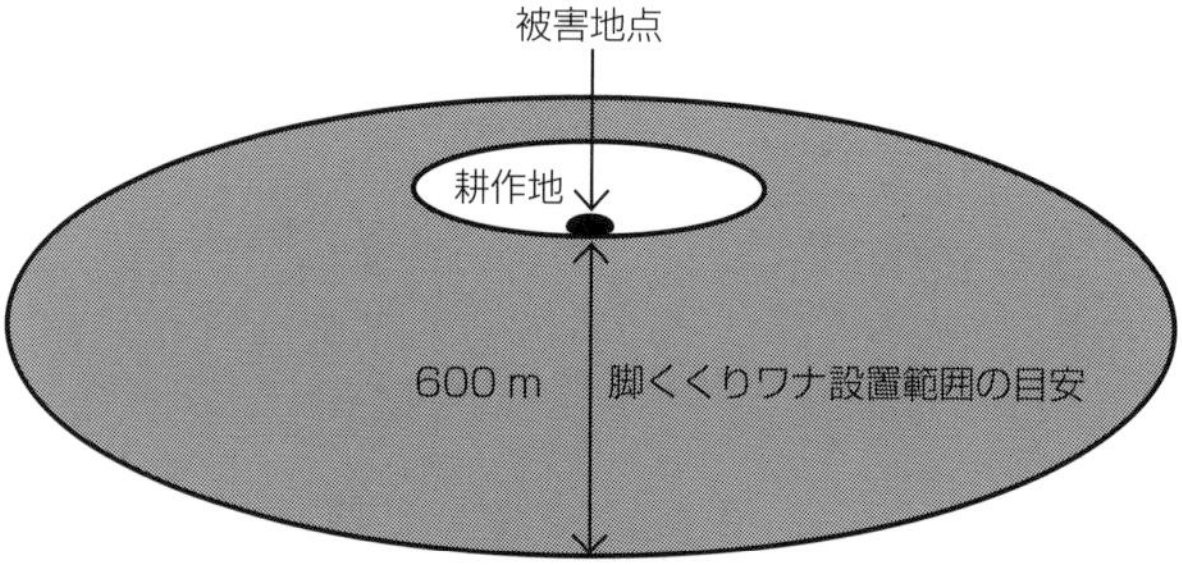

図 30　脚くくりワナ設置範囲の目安
被害の原因となっているイノシシは、被害発生地点から半径600 m程度の範囲内に存在する可能性が高い。誘引エサを使用しない脚くくりワナでは、被害発生地点から半径 600 m程度の範囲内すべてが設置場所として推奨される。

●ワナの種類はさまざま

脚くくりワナには、使用するスプリングの形状などによってさまざまな種類が存在している。

圧縮コイルバネ（コイルスプリングのうち、圧縮したバネが伸びる力を利用するもの）を用いた締め付け式や飛び上がり式（写真24）、引張コイルバネ（コイルスプリングのうち、伸張し

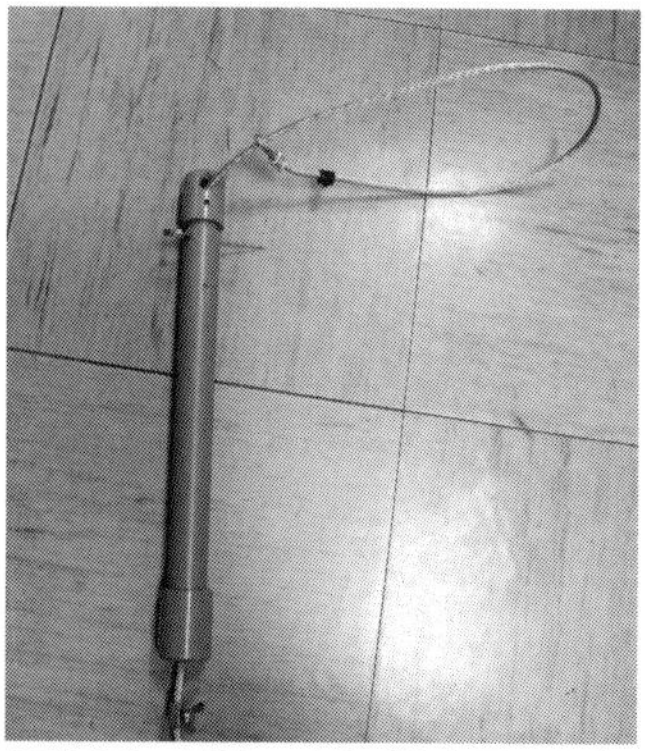

写真 24　圧縮コイルバネを用いた脚くくりワナ

たバネが戻る力を利用するもの）を用いた引上げ式、トーションスプリング（棒のねじり変形をバネ作用に利用するもの）による跳ね上げ式（写真25）が一般的である。

いずれの種類でもワナの設置と適切なワナの設置場所の判別がもっとも重要な技術であり、これに横木の設置を合わせたものが基礎技術であることに相違はない。

ワナ設置の基礎技術

●視覚的・嗅覚的偽装

ワナの設置技術での基礎の一つは、視覚的・臭覚的な偽装を完璧に実施することである。ワナの存在をイノシシに気付かせずに捕獲する方法がくくりワナによる捕獲技術だからだ。

ワナを設置する前の獣道の状態を、視覚的に違和感がないレベルまで復元できなければ、警戒心が強い個体を捕獲するのは難しい。ワナが露出していないことは当然として、獣道の中央部を複数のイノシシが踏み固めた状況や、獣道の側部で落ち葉などが盛り上がった状態を復元する必要がある。イノシシの警戒心が弱い場合には、偽装の方法が不適切でも捕獲できることもあるようだが、ワナ設置時の偽装は手を抜くべきではない。

複数個体の群れで活動することが多いイノシシに対して、脚くくりワナは一台で一個体しか捕獲できないため、群れのすべての個体を一度に捕獲することは通常難しい。そのため、脚くくりワナを使用し始めてしばらくす

〈横から見たところ〉

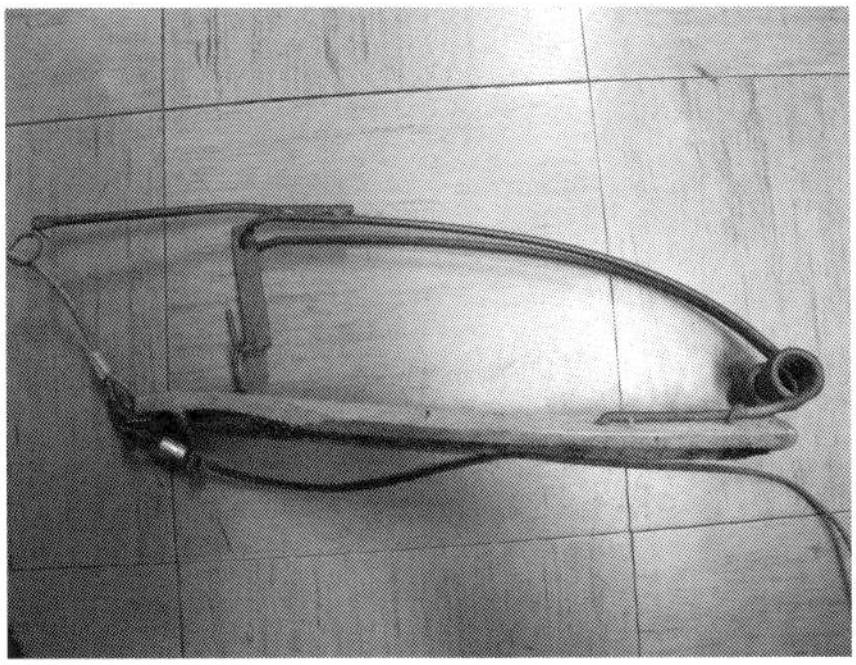

〈上から見たところ〉

写真25　トーションスプリングによる跳ね上げ式の脚くくりワナ。ねじりバネ2本から構成されるダブルキック

ると、ワナの存在を認知した個体が増え、個体群全体の警戒心が強化されることになる。

また、イノシシは強い臭気を強く意識し、体にこすり付けたりする（江口 二〇〇二）ので、オイルなどの臭いを発するようなくくりワナは禁物である。強い香りを発する樹木の根をワナ設置時に切断するようなことも避けるべきである。

●ワイヤーロープの輪

ワナの設置技術でのもう一つの基礎としては、ワイヤーロープの輪を円形に保持させたまま真上（鉛直の反対方向）に飛ばすように設置することが挙げられる。

現在一般的に用いられている脚くくりワナは、深さ四〇～五〇cm程度の縦穴をワナの設置場所に掘るため、イノシシの脚を穴に落としてワナで締めるイメージで使われる場合がある。

しかし実際には、地面を踏み込んだ際の感触がワナ設置場所と他の場所では異なるため、違和感を覚えたイノシシは脚を完全に穴に落とすのではなく、脚を引き上げようとする。この時、上に引き上げられる脚を目掛けてワイヤーロープの輪を真上に飛ばし、脚に引っ掛けるのが脚くくりワナの基本である。

たとえば、圧縮コイルバネと円筒を組み合わせた締め付け式のワナは、ワイヤーロープが締め付けられて円筒から外れる際の勢いで真上に飛ばす構造になっている。

●真上に飛ばす飛ばし棒

また、圧縮コイルバネによる飛び上がり式や引張コイルバネによる引き上げ式、トーションスプリングによる跳ね上げ式は、ワイヤーロープを直接飛び上がらせる構造になっている。

しかし、ワイヤーロープ自体の重量と柔軟性のため、そのままでは円形に保持したまま真上に飛ばすことができず、ワイヤーロープの輪はバネの方向に向かって横滑りする。そこで、輪を円形のまま飛ばすための飛ばし棒を設置した上で、ワイヤーロープを真上に引っ張るようにバネを設置しなければならない。

たとえば、平らな地面ならばワイヤーロープを真上に引っ張ることは難しくないが、斜面を水平方向に横切る獣道にワナを設置する場合、トーションスプリングによる跳ね上げ式のワナを獣道の下側に設置するとワイヤーロープが横滑りしやすくなる。こうした場合には、獣道の上側にワナを設置するのが正解である。

●トーションスプリングでの注意

さらに、トーションスプリングによる跳ね上げ式の場合、使用するバネの種類に注意する必要がある。

ダブルキックといったねじりバネ二本から構成されるトーションスプリングではバネがまっすぐ跳ね上がるのに対し、ねじりバネ一本のトーションスプリングは左右に広がりながら跳ね上がるのだ。後者の場合、左右方向への広がり方も考慮して設置しなければならない。

以上の視覚的・臭覚的な偽装とワイヤーロープの輪を円形に保持させたまま真上に飛ばすことは、脚くくりワナ設置に必要な最低限の技術であり、効率的な捕獲を実施するためには、これらを成立させつつ短時間でワナを設置できるようにする必要がある。

ワナを設置する場所

●掘り返し跡に設置しない

脚くくりワナによるイノシシ捕獲では、ワナの設置技術を習得したからといって簡単に捕獲に成功するわけではない。効率的な捕獲のためには、適切なワナの設置場所を選ぶ技術が必要になる。イノシシは、毎日何千歩何万歩と歩いているが、そのうちの一歩が確実にワナの設置場所にくるようにするのがこの技術である。

よく見られる間違いとしては、明確な獣道はないもののイノシシの掘り返し跡が多数確認できる場所に脚くくりワナを設置する事例がある。こうした場所では、イノシシが縦横無尽に歩くためワナを踏むか否かは運に任せるしかなくなる。

また、掘り返し跡の存在は、イノシシがエサの探索と採食をしていたことを示している。こうした行動を行なう際、イノシシは鼻と目を使って注意深く地面を探っているため、ワナが見つけられて掘り返されたりする可能性がある（まれにワナで鼻がくくられて捕獲されることもある）。

●直線状の通り道に設置

基本的に脚くくりワナは獣道に設置して用いる道具である（図31）。また、脚くくりワナを適切に作動させ、より確実に脚に引っ掛けさせるためには、イノシシの脚が真上から鉛直方向に向かって踏み下ろされるのが理想だ。

獣道がカーブしている場合、カーブ外側に向かって荷重がかかった状態でイノシシが歩行（または走行）する確率が高くなり脚が鉛直方向に踏み下ろされにくくなるため、脚くくりワナにとって理想的な設置場所とはいえない。

理想的なワナの設置場所の条件とは、単純に直線状の獣道である。つまり、効率的な捕獲のために第一に必要な技術とは、山林内のまっすぐな獣道を見つけ出すことといえる。

直線状の獣道が作られる要因の一つとして、地形的要因がある。まったくの初心者でも、数メートルの高低差がある崖や尾根筋にある直線状の獣道は、容易に見つけることはできるだろう。しかし、これら以外の場所に存在する直線状の獣道を見つけることができれば、設置場所選定の自由度を上げることができる。

●低木・草本が少ない場所

地形的要因以外のものとしては、イノシシの心理的要因がある。本来、イノシシは警戒心が強い動物であるため、森林の中でも安全確認を行ないながら移動することがある。

たとえば、森林内で低木や草本などの藪が少ない場所を通過する場合、通過予定場所の状況を目視で確認し、目標地点までの最短距離を進むことがある。この時、低木や草本が少ない場所に直線状の獣道が成立するのだ。

こうした状況は、藪地から開けた草地などに向けて移動する場合や、孤立した低木同士の間を移動する場合などにも確認できる。

●臭気物質で誘引する手も

なお、強い臭気を発する物質を好んで、みずからの体に擦り付けたがるイノシシの習性を利用して獣道を造らせる技術もある。山林内の地面に誘引物質を埋設してイノシシに泥浴び場所を作らせる方法だ。こうしてつくられた泥浴び場所は複数の個体が利用するので周辺に数多くの獣道ができるが、その中の直線状の獣道にワナを設置するのだ。

いずれにしても、基本的には足しげく捕獲対象地域に通って直線状の獣道の位置を把握することが重要である。

また、先述したように加害個体を目的とした捕獲では、被害発生地点から半径六〇〇m以内の範囲を目安にワナを設置することが理想的である。

ワナに横木を設置

●横木で平面・線が点になる

横木の設置も脚くくりワナで欠かすことができない技術である。

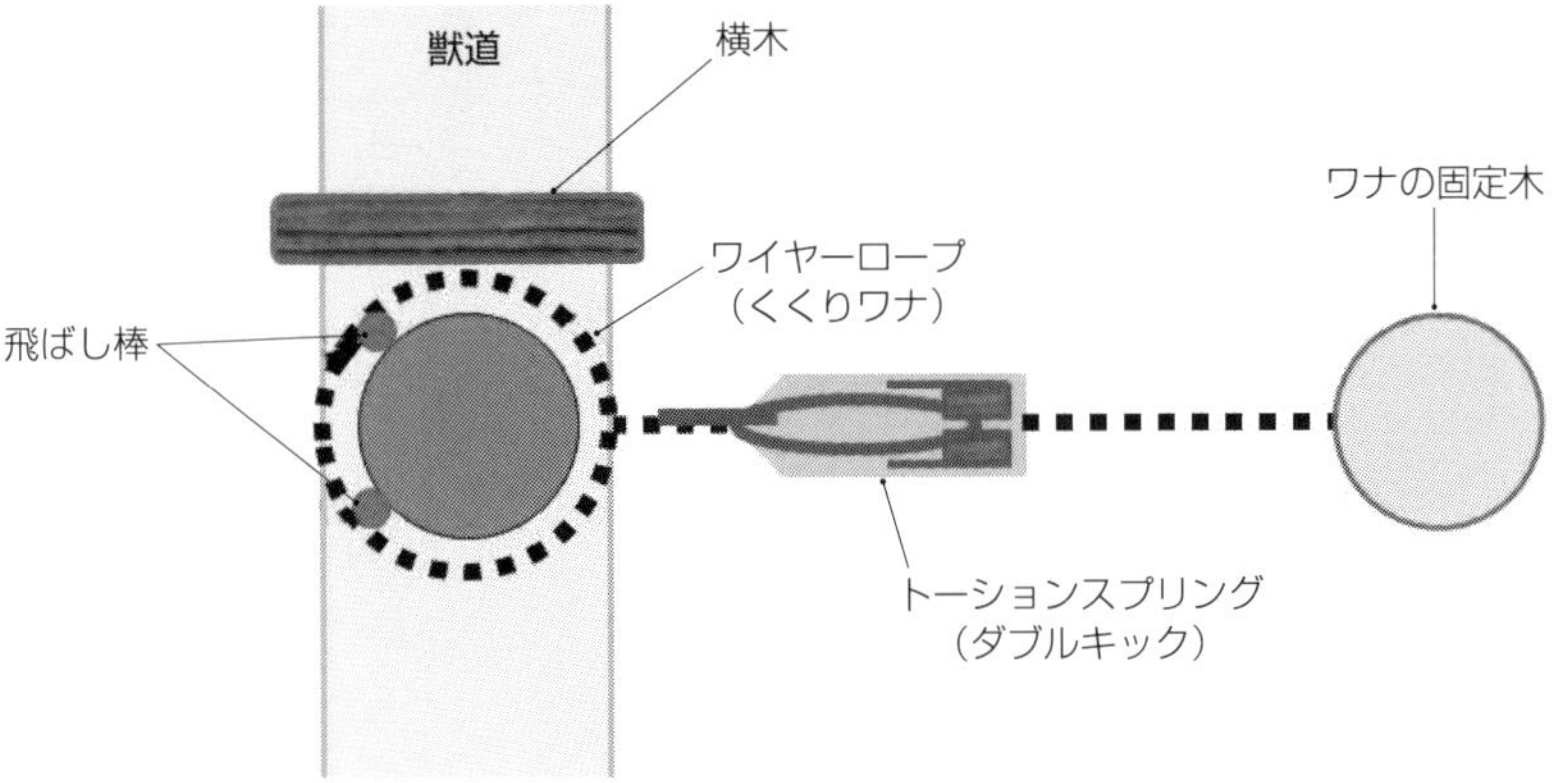

図31　脚くくりワナの設置法

理想的な設置場所にワナをかければ、イノシシの行動範囲が平面から直線へと限定されるため、捕獲できる確率は上がる。しかし、何千歩何万歩と歩くうちの一歩を点で捉える脚くくりワナでは、イノシシの行動範囲を直線に限定しただけでは不十分である。横木を設置することで、イノシシの直線状の動きを点にして、捕獲する確率を上げることができる。

●踏まずにまたぐ習性を利用

獣道上にちょっとした障害物があった場合、イノシシはそれを踏まずにまたぐ習性がある（障害物の下に適度な隙間があると潜る）。そのため、脚くくりワナを設置したすぐ脇に横木を置くと捕獲効率が格段に上がるのである。

平地ならば、直径が五cm程度以上ある自然な倒木などを、獣道に直行するように地面に寝かせた状態で、一本だけワナの横に設置すればよい。この時、横木が自然の倒木や落枝に見えるように注意が必要である。ただし風雨などで横木が移動しないように、横木の片側を地面に刺すなどして固定することを忘れてはいけない。

また、イノシシの警戒心を低下させるため、横木に若干の泥を付ける方法もある。これは多くの個体が通過しているように見せる偽装である。

●傾斜地ではワナの下側に

獣道が傾斜地を通っている場合は、ワナに対して上側に横木を設置するよりも、下側に設置したほうが横木の効果が上がる。自然の倒木をまたぐように獣道が通っていた場合は、倒木そのものを横木代わりに利用する方法もある。

ワイヤーロープの固定

●固定が不十分だと逃亡する

ワナの設置や適切なワナの設置場所の判別、横木の設置が適切に実施できればイノシシは捕獲できる。しかしワナの固定が不十分であれば、イノシシに逃亡する機会を与えることになる。そのため、付加的ではあるがワナの固定も押さえておくべき技術である。

まずやってはいけないことが、細い樹木の幹や根、朽木への脚くくりワナの固定である。脚くくりワナにかかったイノシシは激しく暴れるのが一般的で、ワナだけではなく、みずからの脚を引きちぎって逃げることがあるほどだ。ワナを固定する土台が弱ければ、イノシシは短時間で逃亡する。また、樹木の幹の高い位置でワナを固定すると、樹木の状態によっては樹木ごと倒されたり、幹が折られたりするので、幹に固定する場合は低い位置がよい。

●より戻し、ねじれ防止など

ワイヤーロープの固定方法にも工夫が必要である。ワイヤーロープは、鋼線製の素線を複数寄り合わせたストランド（子縄）を、繊維心または綱心からなる心綱に巻き付けた構造になっているが、ワイヤーロープを単純に樹木に結び付けると、イノシシが暴れた際にストランドがほぐれてワイヤーロープが切れやすくなる可能性がある。

この可能性を減らすためには、法律で義務付けられているより戻しのほかに樹木との結束部にねじれ防止金具を用いる方法や、一度ワイヤーロープを樹木の根の股下に通してから固定する方法、樹木の根元近くに充電式電動ドリルで穴をあけてワイヤーロープを通した上で固定する方法（当然、樹木所有者の許可が必要となる）などがある。また、より確実に固定するためには、樹木二、三本に固定することが推奨される（図32）。

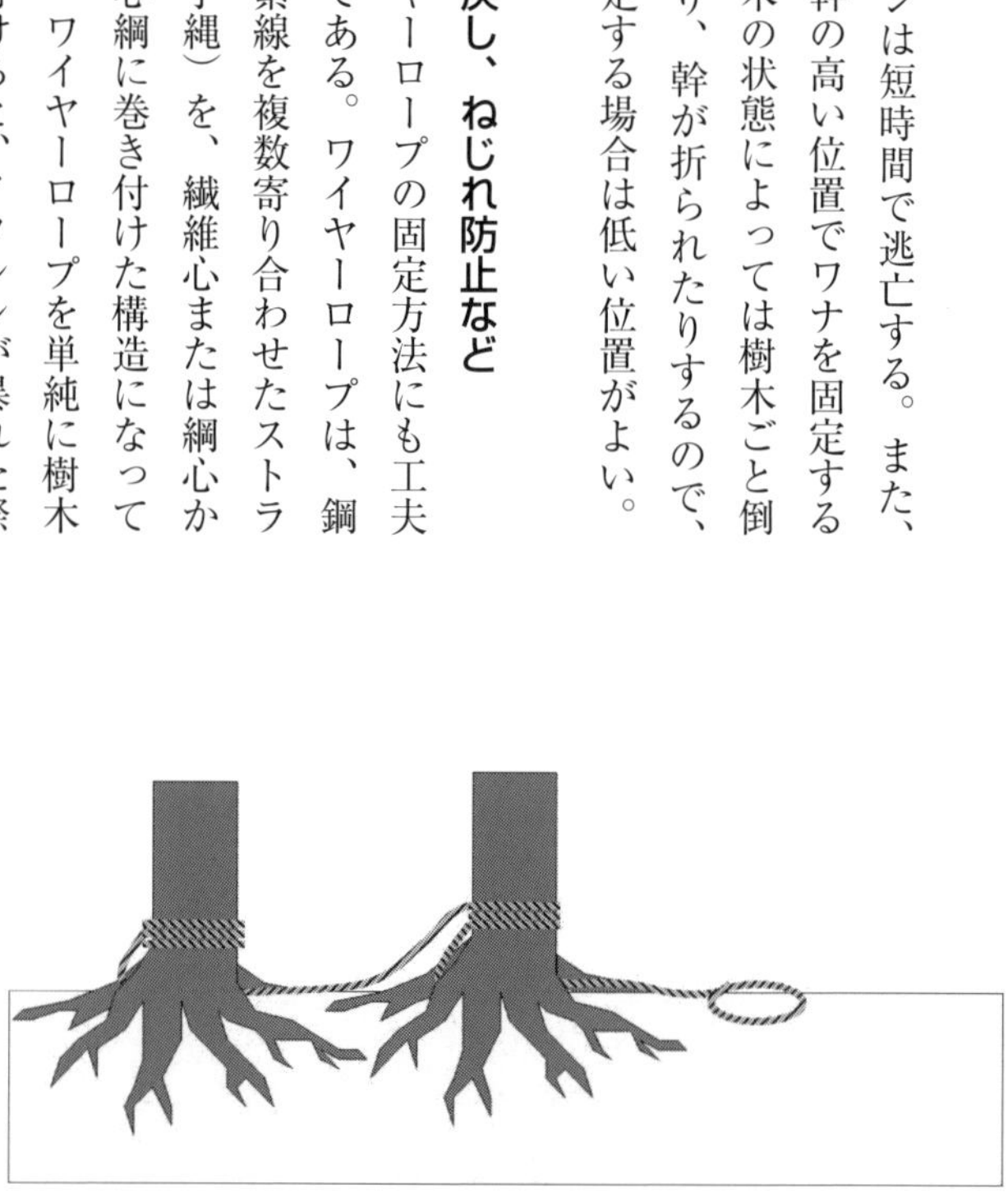

図32　樹木への脚くくりワナの固定

第5章

捕獲したイノシシの活用

学術データの収集

性別、栄養状態を判定

イノシシの確実な捕獲が可能になれば、次は捕獲個体の活用について考える必要がある。

その際、もっとも確実に得られ、高い利用価値が見込まれるのは、学術データの収集である。少なくとも性別や栄養状態、繁殖状態、週齢は、少々の手間でわかり、イノシシの状況を推測するのに有効なデータとなる。

たとえば、性別は睾丸などの外生殖器を確認すれば容易に判別できるし、栄養状態は後頭部皮下脂肪厚を計測すれば（左右の耳介後端部を結ぶ直線で後頭部の皮膚を切開し、頭頂部中央の皮下脂肪の厚さをノギスで計測する）判定できる（写真26）。

メスで繁殖状態を判定

●繁殖生態

また、イノシシの生息数の増減に直接的に影響する繁殖状態について把握することは、個体群管理上重要である。

イノシシの場合、メスの発情に影響するおもな環境要因として、野外の食物利用可能量および気温、日長条件が知られている（Mauget 1982）。

すなわち、野外の食物利用可能量の減少による個体の栄養状態の悪化や、外気温が上昇して二〇℃を超えることで、発情の開始遅延や停止が確認され、日長一二時間以上の条件下で発情が抑制される。一般的には長日・高温条件によって夏期に無発情期間が始まり、秋期から冬期の間に先述の二条件が解消されたうえ、栄養状態が良好な場合に無発情期間が終了する。この無発情期間の長短が個体群動態に影響する。

$$y = (-7E{-}07x^5 + 0.0002x^4 - 0.0197x^3 + 1.0148x^2 - 26.801x + 277.06)\ 1200 / 800$$

x: 在胎日数　y: 胎児体重

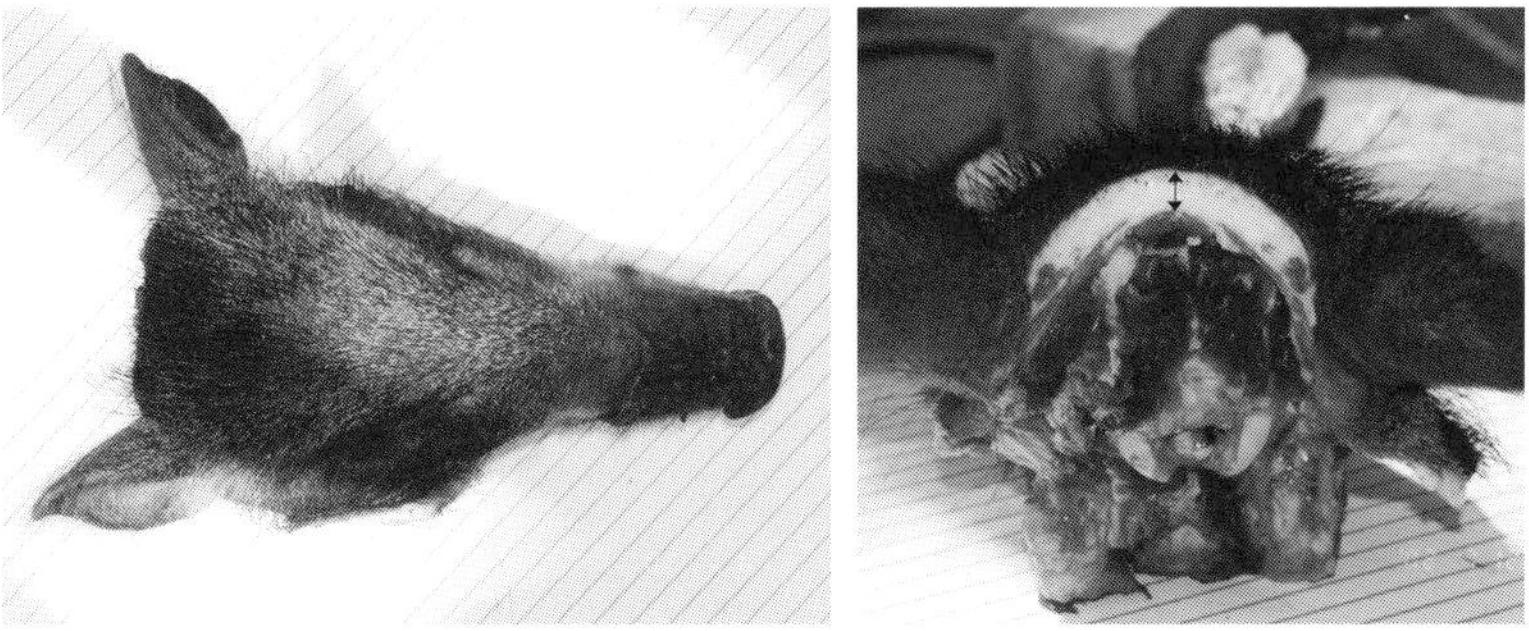

写真 26　イノシシの頭部
イノシシの頭部皮下脂肪厚は、耳介の後端部を基準に皮膚を切開し、頭頂中央の脂肪の厚さ（矢印）を計測する。

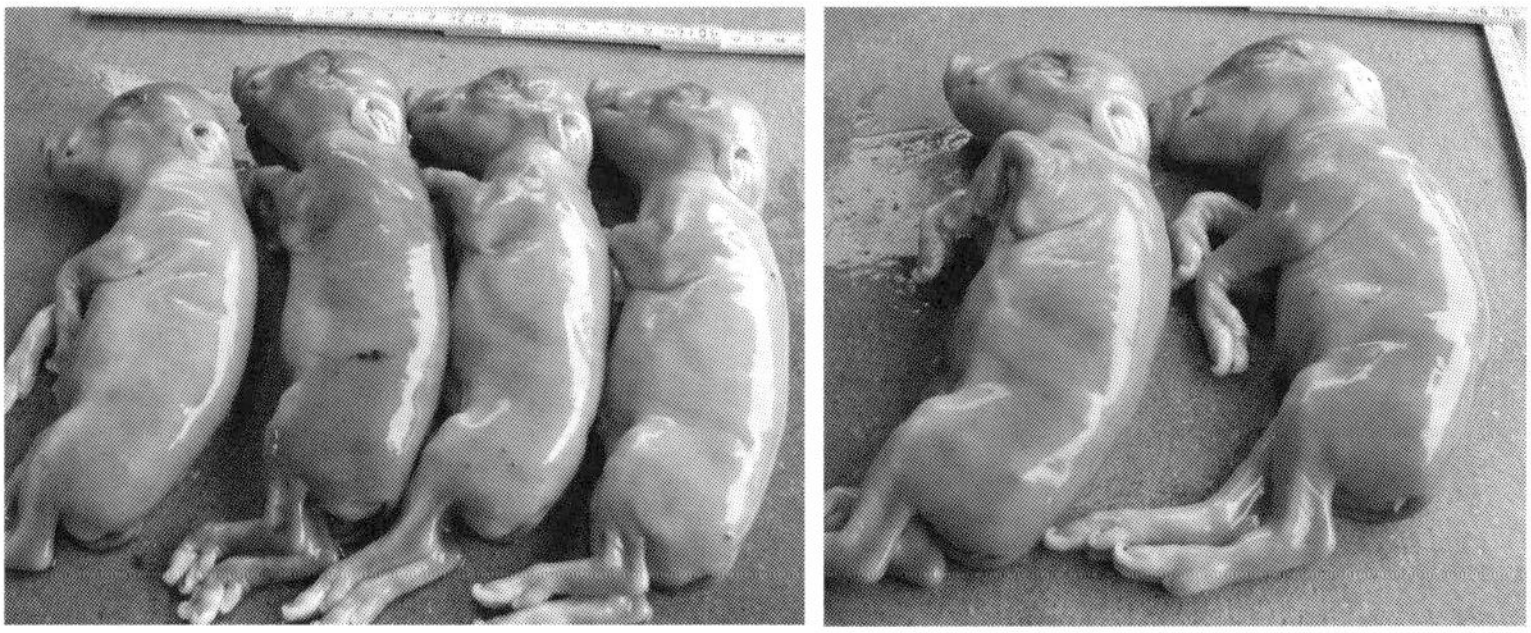

写真 27　イノシシの胎児
左は検視により睾丸が確認できるオス、右は外陰部が確認できるメス。

繁殖状態は、メスの内臓より子宮を採取し、胎児の有無および頭数のほか、性別判定（写真27）や体重計測を実施することで評価できる。たとえば、Kodera (2010) では、出産直前の胎児体重が八〇〇g前後であったことから、そのデータとブタ胎児の成長曲線をもとに上記の式を作成して胎児の体重から在胎日数を推定している。

これにより受胎日を推定でき、イノシシ妊娠個体の交尾時期を明らかにすることができる。参考までに、出産直前の胎児体重を八〇〇g前後と仮定した場合の胎児体重と在胎日数の関係を示したのが114ページの表2である。

歯牙から週齢を判定

●三段階に区分した齢査定

イノシシの歯牙は、生後一五週間で上下顎それぞれ切歯六本、犬歯二本、

表２　イノシシの在胎日数と胎児の体重

日数	体重（g）	日数	体重（g）	日数	体重（g）
30	0.60	61	86.06	91	451.22
31	0.56	62	92.82	92	468.32
32	0.70	63	99.94	93	485.56
33	1.01	64	107.41	94	502.91
34	1.48	65	115.24	95	520.32
35	2.12	66	123.45	96	537.77
36	2.91	67	132.02	97	555.22
37	3.86	68	140.99	98	572.62
38	4.97	69	150.34	99	589.92
39	6.24	70	160.08	100	607.09
40	7.67	71	170.21	101	624.07
41	9.26	72	180.75	102	640.80
42	11.02	73	191.68	103	657.25
43	12.96	74	203.01	104	673.34
44	15.07	75	214.74	105	689.01
45	17.37	76	226.87	106	704.21
46	19.86	77	239.40	107	718.87
47	22.55	78	252.31	108	732.91
48	25.44	79	265.61	109	746.27
49	28.55	80	279.29	110	758.87
50	31.88	81	293.34	111	770.63
51	35.45	82	307.75	112	781.47
52	39.26	83	322.51	113	791.30
53	43.32	84	337.60	114	800.03
54	47.64	85	353.02	115	807.57
55	52.24	86	368.74	116	813.83
56	57.11	87	384.74	117	818.71
57	62.28	88	401.02	118	822.10
58	67.75	89	417.54	119	823.89
59	73.53	90	434.28	120	823.98
60	79.63				

＊出産直前のイノシシの胎児体重を 800 g と仮定した場合

前臼歯六本（第一前臼歯は萌出しない）の乳歯が生えそろう。歯式（アルファベット小文字が乳歯、大文字が永久歯、Iは切歯、Cは犬歯、Pは前臼歯、Mは後臼歯を意味する）では上下顎ともi123 c1 p234となる。永久歯は、生後一四五週間で上下顎それぞれ切歯六本、犬歯二本、前臼歯八本、後臼歯六本（下顎の第一後臼歯は脱落することが多い）が生えそろう（歯式では上下顎ともI123 C1 P1234 M234となる）ことが知られており、乳歯から永久歯への交換時期も明らかにされている（写真28）。

たとえばBoitani and Mattei（一九九二）

は特定の週齢一七区分における歯牙の萌出交換状態を整理しているが、これにもとづくとイノシシの詳細な週齢推定が可能となる。実際には各区分間の中間段階も存在するため、著者は週齢を三三段階に区分した独自のマニュアル（KODERA 式イノシシ週齢読み取りマニュアル、著者のホームページより購入可）を作成し、捕殺個体の齢査定を実施している。

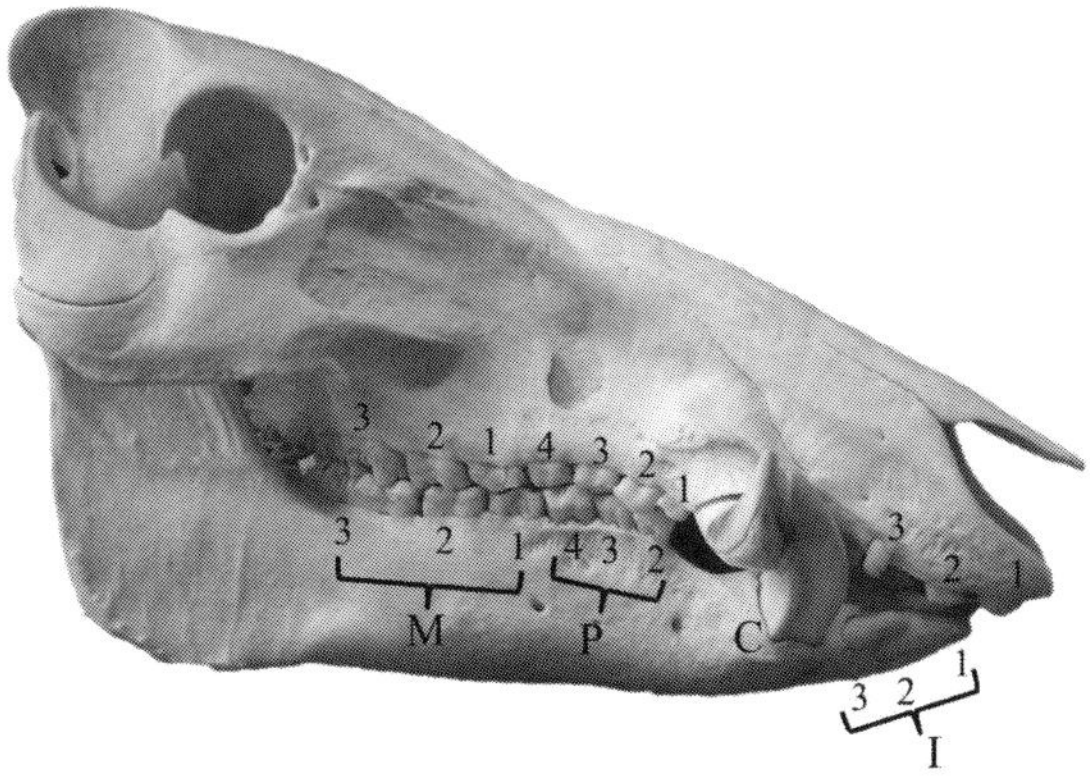

写真 28　イノシシの永久歯

●生後五週未満から四六週まで

週齢を査定する際、第一の要点となるのは下顎後臼歯の萌出状況である。生後五週未満～一五週の個体では下顎の第一後臼歯（M1）が萌出しておらず、生後二一～四六週の個体ではM1のみが萌出している。生後四七～八七週の個体は第二後臼歯（M2）まで、生後八八週以上の個体は第三後臼歯（M3）まで萌出する。下顎のM1が萌出していない場合、生後五週の個体の歯式は上下顎ともi13 c1 p34であり、これらのうちのいずれかが萌出していない個体は生後五週未満に区分される。生後一〇週には上顎の第二切歯（i2）を除くすべての乳歯が萌出し、生後一五週では上下顎ともi123 c1 p234となる。

その後、永久歯としては最初に下顎のM1が萌出するが、これ以外の永久歯が確認できない個体は生後二一週に区分される（歯式は上顎i123 c1 p234、下顎i123 c1 p234 M1）。生後二六週までには上顎の第一前臼歯（P1）とM1が萌出する（歯式は上顎i123 c1 P1 p234 M1、下顎i123 c1 p234 M1）。さらに生後三二週までに下顎のP1（ただし、下顎P1は萌出しないかすぐに脱落する場合がある）、生後四〇週までに下顎の第三切歯永久歯（I3）および犬歯永久歯（C1）、生後四六週までに上顎のI3およびC1が萌出する。

●生後四七週から二二〇週まで

下顎M2が見られるものの萌出が不十分な個体は、生後四七～五二週に区分される。下顎M2の完全萌出は生後五三週までに完了し、生後五六週

イノシシの週齢別の歯牙萌出状況の例

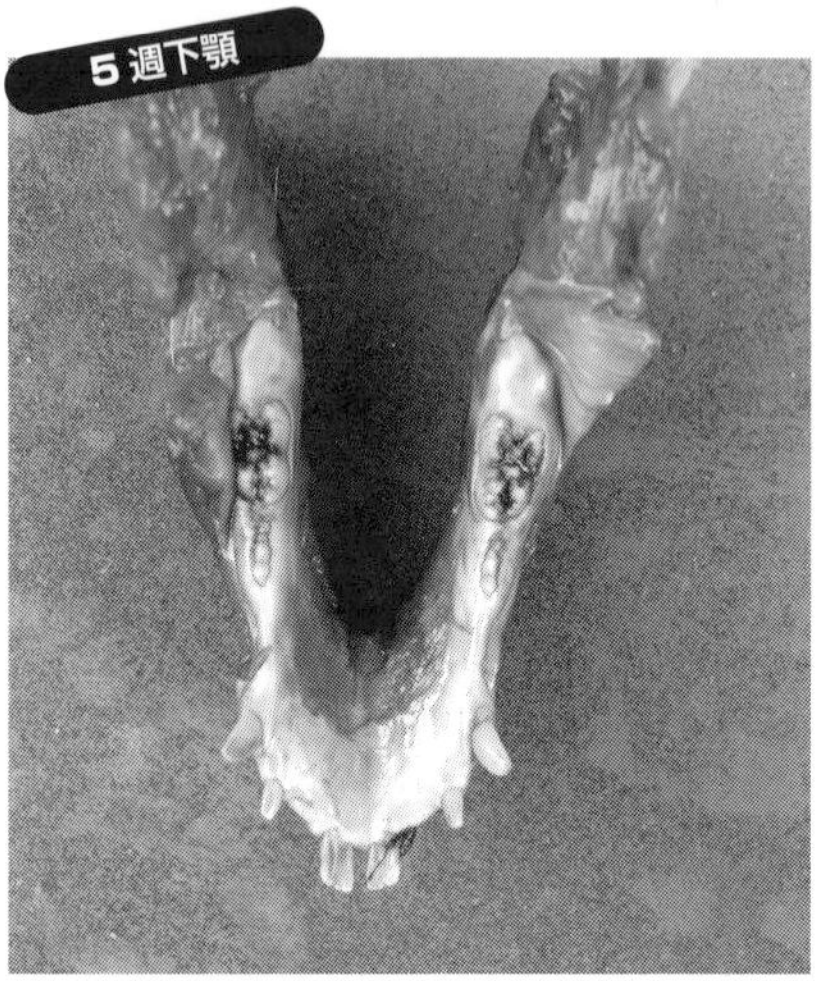

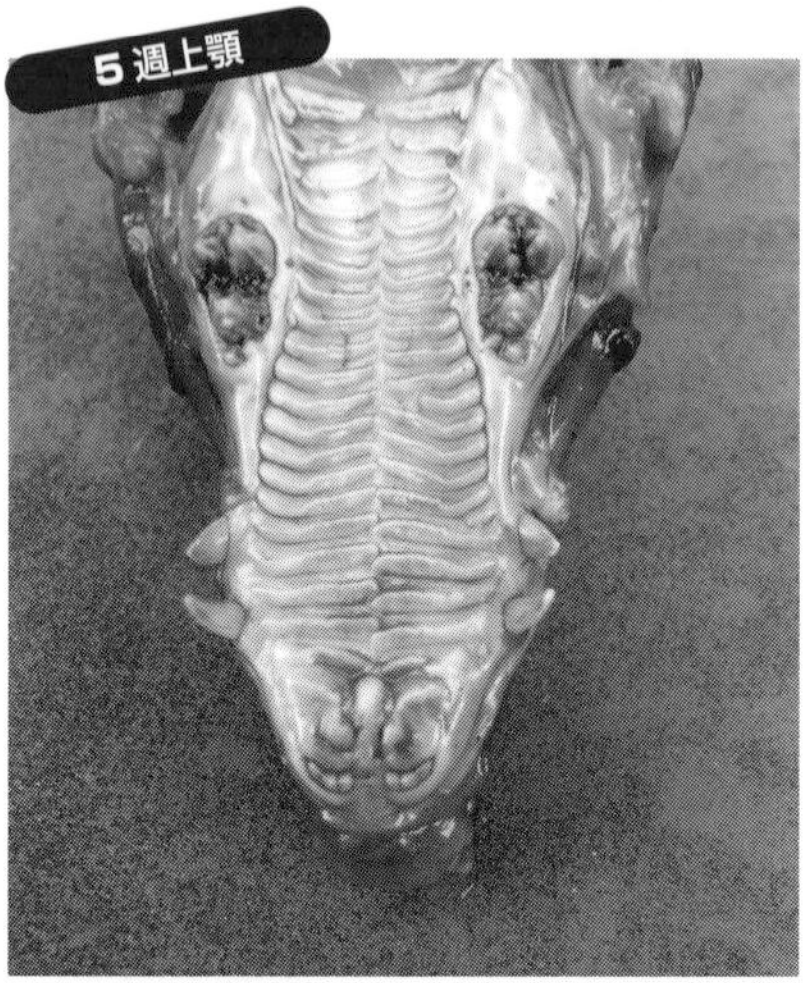

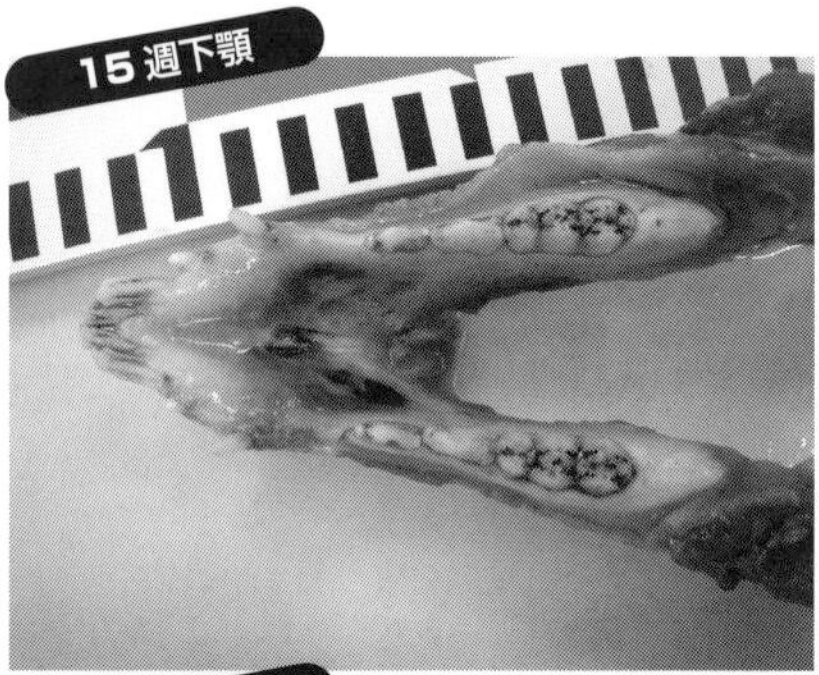

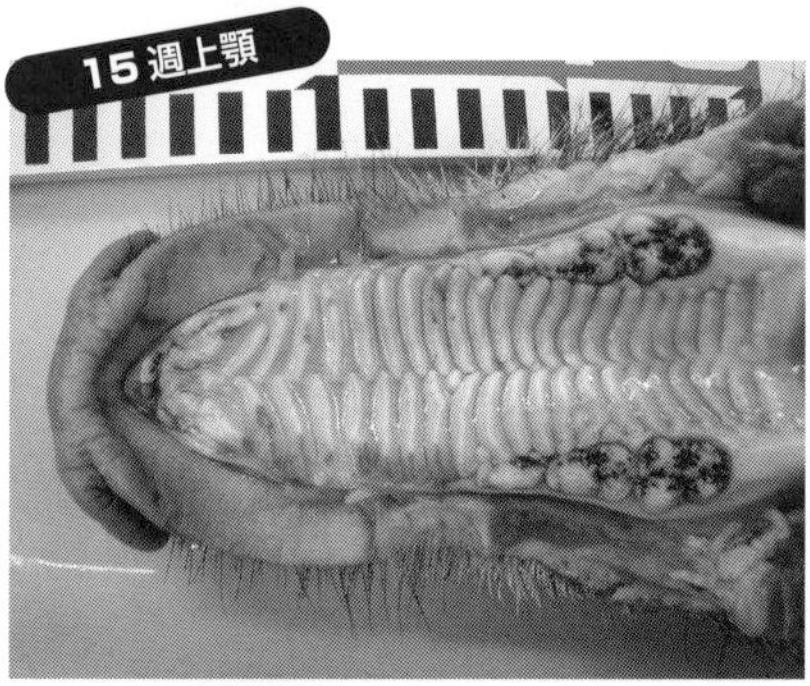

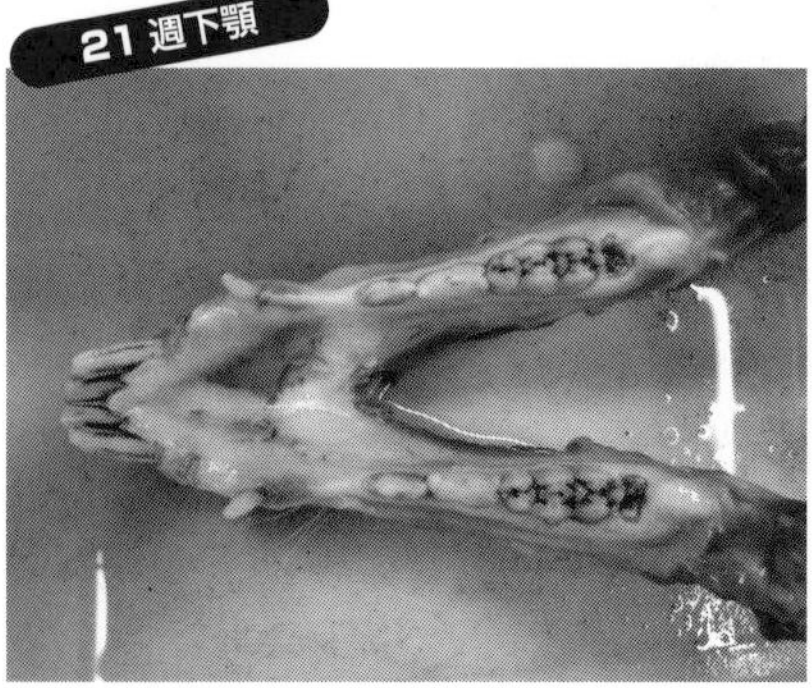

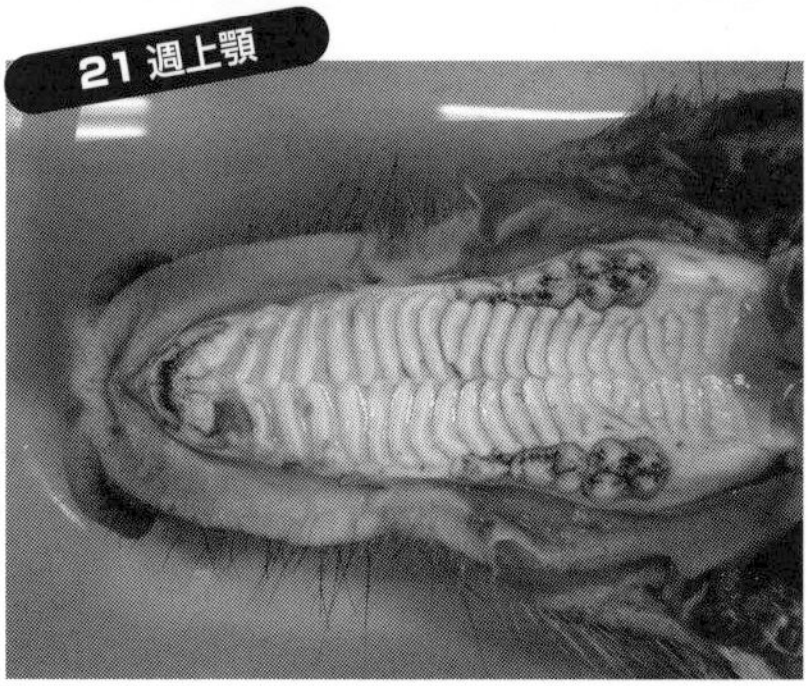

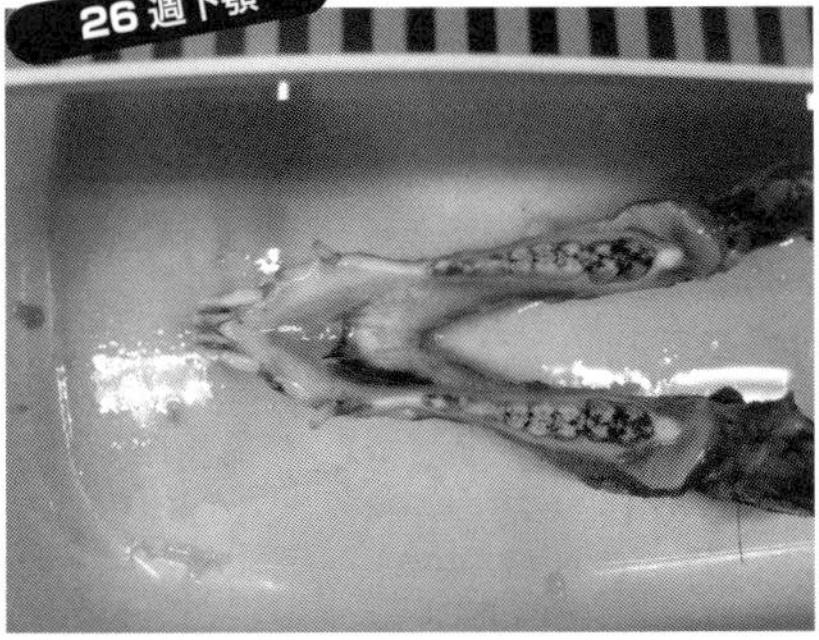
26週下顎

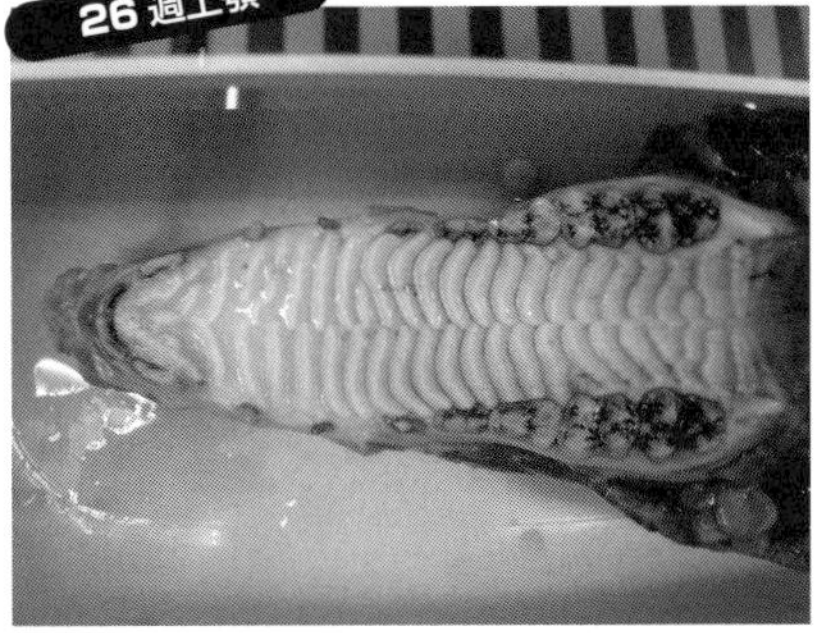
26週上顎

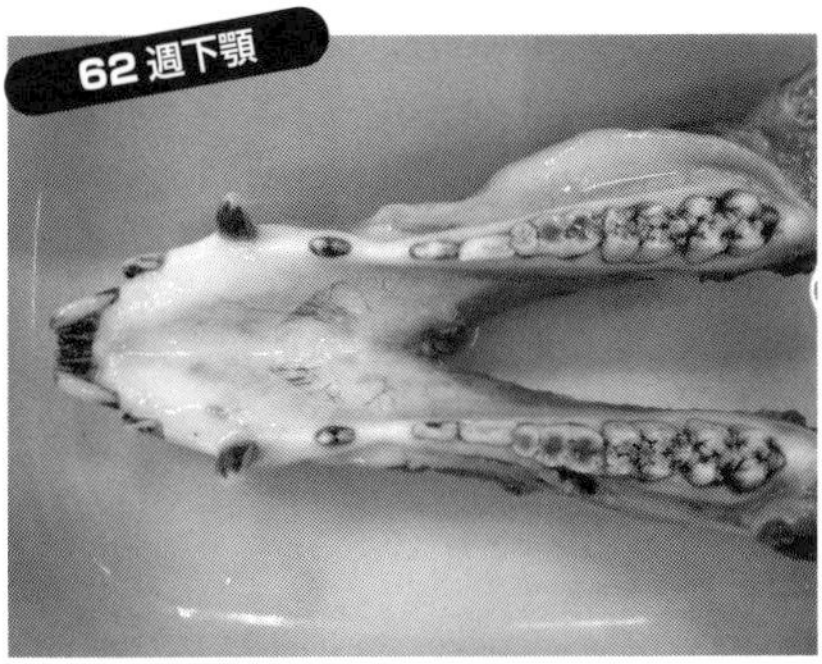
62週下顎

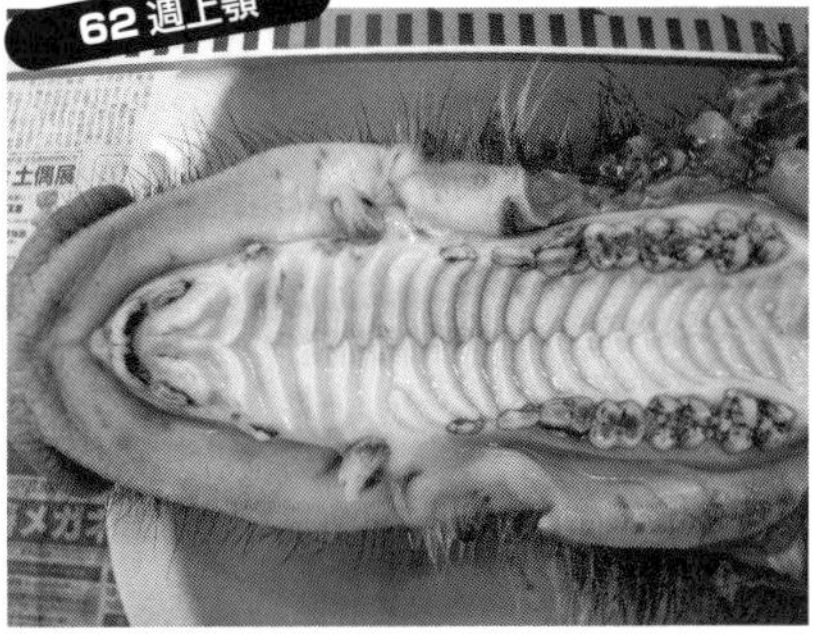
62週上顎

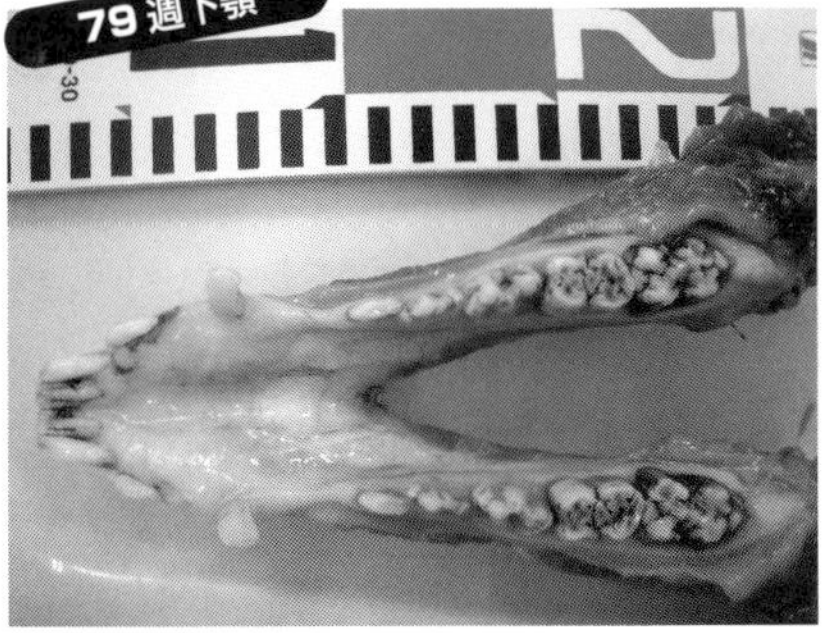
79週下顎

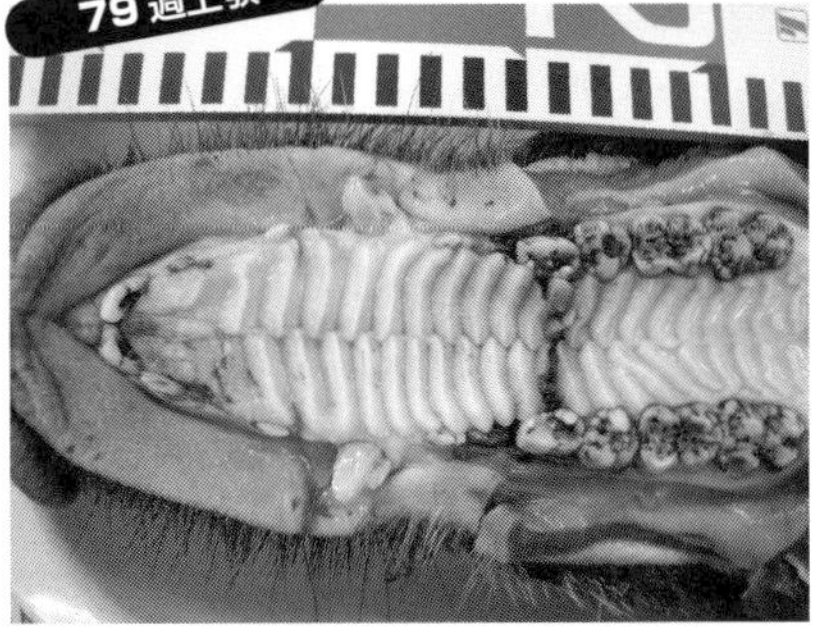
79週上顎

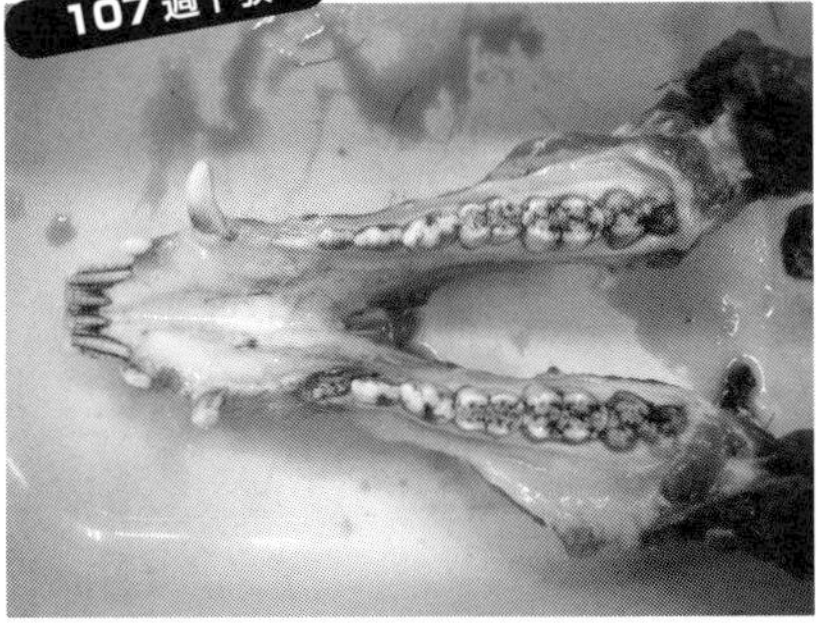
107週下顎

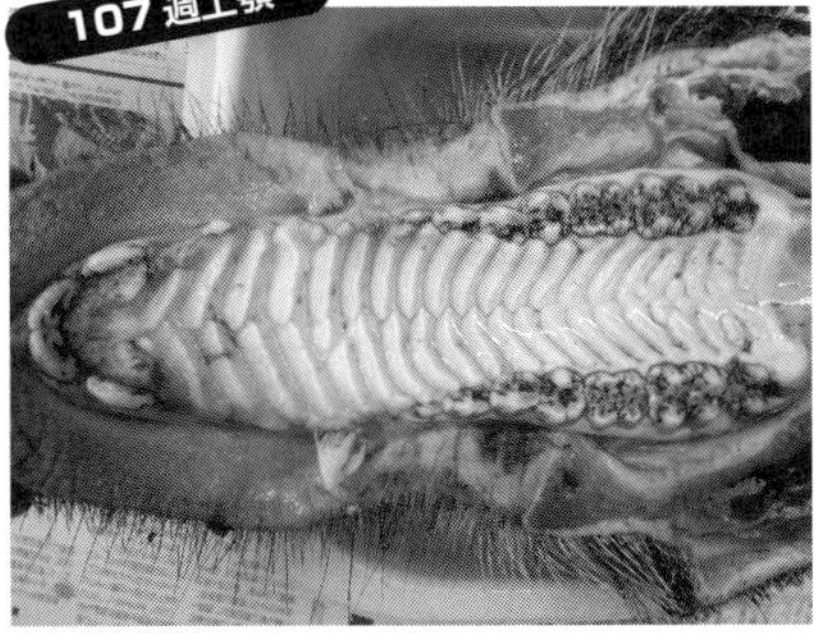
107週上顎

までには上顎のM2も萌出する。生後六二週には上下顎の第一切歯永久歯（I1）の萌出が確認され（歯式は上顎I1i2I3 C1 P1p234 M12、下顎I1i2I3 C1 P1p234 M12）、生後六三週から七九週にかけて上下顎P234の萌出交換が進む。その過程では、生後六九週で上顎のP23および下顎のP34が、生後七九週で上顎のP4、下顎のP2が萌出する（生後七九週の歯式は上顎I1i2I3 C1 P1234 M12、下顎I1i2I3 C1 P1234 M12）。その後、生後八七週までに上下顎の第二切歯永久歯（I2）が萌出する。

　下顎M3は生後八八週以降に萌出を開始するが、咬頭の萌出状況で週齢判定ができる。すなわち、生後一〇七週では上顎M3の第一、二咬頭および下顎M3の第三、四咬頭までが萌出しており、生後一二七週では上顎M3の第三、四咬頭および下顎M3の第五、六咬頭まで、生後一四五週で下顎M3の第七咬頭まで萌出する。生後二二〇週以上では下顎M3の摩耗が生じ、萌出交換による週齢査定は不可能となる。

データは被害対策で有用

　詳細な週齢の確認によって出生時期が特定できるのは当然として、繁殖・栄養状態の情報と合わせたり、生存時間解析（大橋・浜田　一九九五、中村　二〇〇一など）にかけたりすることで、イノシシの地域個体群の増減傾向を推定することが可能になる。こうして得られた結果は、特定鳥獣管理計画などでも有用である。

　以上のような科学的データによる裏付けは、イノシシ捕獲数や被害報告件数の増減に対して理性的な見解を提供する源泉となり得るため、可能な限り収集すべきである。

　イノシシの学術データ収集がなかなか進まないいっぽうで、各地で意見が出されるのがイノシシの食肉利用販売である。しかし多くの場合、適切な計画設計がなされず、多額の投資が行なわれた上で失敗に終わっている。

　失敗を避けるためには、捕殺・解体と加工、衛生管理、流通・経営に関する課題について事前に検討しておく必要がある。以下、順番に説明しよう。

■捕獲したイノシシの活用■

解体から加工まで

目的に応じた捕殺方法

捕殺・解体に関する課題として第一に挙げられるのが適切な捕殺方法の実施である。

●肉を販売しない場合

基本的に狩猟のための捕殺と、自家消費としての食用を目的とした捕殺、食肉利用販売のための捕殺では、求められる肉質の最低基準が異なるため、捕殺方法での技術的な最低基準要求も明確に異なる。

狩猟のための捕殺では捕獲自体が目的で、食するか否かは問題ではないため、どのように止め刺しするのかといったことや、放血処理の有無は重要ではない。

いっぽう、自家消費としての食用を目的とした捕殺では、肉を食べる人間の欲求を満たす肉質を維持するため、止め刺しや放血処理、屠体の冷却作業の実施が必要になる。

このレベルは、捕獲したイノシシを頻繁に食する習慣がある地域で確認できるが、食肉利用販売のためには十分なレベルではない。

●販売を前提とする場合

食肉利用販売のための捕殺では、消費者の欲求を満たす肉質や安定的に経営するための高い歩留まり率、高い品質、安全性の維持などが必要になる。

たとえば、「イノシシ肉の多少のケモノ臭さは当たり前だ」といった考え方では、家畜の肉を食べ慣れている人の多くが販売対象から外れるので、イノシシ肉の販路が限定される。そのため、より徹底した放血・冷却処理が必要になる。

また、歩留まり率が三〇%の加工施設と四〇%の加工施設とで体重一〇〇kgのイノシシを処理した場合、肉の生産量に一〇kgの差が生じる。イノシシ肉一kgを三〇〇〇円で販売したとすると、この一個体で売上額に三万円の差が生じることになる。

さらに、安全性の面を考慮すると、捕殺後の冷却のために河川や湖沼に屠体を浸けた肉は販売に適さない。なぜならば、自然の水中に存在する細菌やウイルスが肉に付着する可能性が生じるからである。

捕殺の手順とポイント

食肉利用販売のための捕殺では、(1)捕殺・放血、(2)屠体の洗浄、(3)内臓摘出、(4)屠体の冷却を適切な方法で、短時間に実施しなければならない。

●心拍を停止させずに失血死

(1)の捕殺・放血方法としては、心拍を停止させずにイノシシを不動化させ、失血死させるのが理想的である。平川（二〇〇五）ではブタの屠殺方法が紹介されているが、それと同様にイノシシの首に高電圧をかけて不動化して速やかに放血する作業が実施できればいうことはない。実際の現場では、頭頂部から下顎に向かって弾丸が通過するよう銃による止めを行ない、ただちに頸部の血管を切断して失血させるといった方法などがある。

この時に、イノシシの頭部を胴体部分よりも低い位置にくるように移動させたり、頸部からの出血が停止後に胸部を圧迫して出血を促したりすることで、より適切な放血処理を施すことができる。

また、頸部の血管を切断する際、イノシシの下顎側の正中線に沿うように頸部から胸骨の内側にナイフを通し、心臓に刃先を到達させないように注意して血管を切断することで歩留まり率の低下を抑えることができる。

●屠殺後の洗浄、内臓の摘出

屠殺後に行なう屠体の洗浄は、清潔な水道水などを用いて内臓摘出の前に行なう必要がある。野外で捕獲したイノシシには、泥などの汚れだけではなくさまざまなウイルスや細菌類が体の表面に付着している可能性があるので、それらが可食部分に入り込むのを防ぐためである。

同様の理由で、内臓摘出の際に消化管内容物や尿などの排出物が可食部分に付着しないよう注意する必要もある。

内臓の摘出方法は、気管側からの摘出でも肛門側からの摘出でも、きれいに内臓を取り除くことができれば問題ない。しかし、肛門側からの内臓摘出では腎臓が屠体に付着したままになることがあるため、腎脂肪指数が計測できない場合もある。個体の栄養状態の指標となる腎脂肪指数を計測する場合には気管側からの内臓摘出が推奨される。

●すみやかに屠体を冷却

食肉利用販売のための捕殺の締めを飾るのは屠体の冷却であるが、これは捕殺・放血方法と同等に重要な作業である。なぜならば、捕殺したばかりの屠体は高い体温を維持しており、そのままの状態では肉の品質変化と腐敗が素早く進行してしまうからだ。肉の品質変化を適切に管理した場合は、肉の熟成という結果を生み出すが、管理に失敗した場合は単なる品質の劣化に過ぎない。

そのため、内臓を摘出後、すみやかに屠体を冷却して肉の品質変化と腐敗を一時的に停止させ、適切に管理できる条件に留めることが求められる。仮に捕殺・放血から内臓摘出まで適切に進めたとしても、屠体の冷却を怠ると肉の品質や衛生の面で問題が生じる可能性がある。

イノシシでは、前脚上部から肩にかけて筋肉が多い上に厚い皮下脂肪が付きやすいので、内臓を摘出しても胸腔部分の体温が下がりにくい。そのため、屠体を仰向けにして胸腔内に水を貯め、そこに氷を投入するなどして積極的に胸腔部分の温度を下げるとよい。

ただし、胸腔や腹腔内に水を貯めた場合には、良好な肉質を維持するため冷却後に屠体を吊るすなどして水気をしっかりと切る必要がある。

良好な肉質の屠体の確保

捕殺・解体に関する第二の課題は、良好な肉質の屠体を安定供給可能な程度確保できるのかという問題が挙げられる。

●販売できる個体かどうか

捕獲したすべての個体に対して先述したような適切な処理を施すことは困難であるし、病気を発症している個体や衰弱している個体は食肉利用販売には適さない。また、小さい個体は得られる肉の量が少ないため加工しても利益につながりにくいし、オスの老齢個体は肉質が硬くなるため食肉販売にはひと工夫を要する。

このほか、さまざまな問題を検討した上で、実際に販売可能かつ安定供給可能な肉の生産量を把握しなければ食肉利用販売を維持できない。そのためには、例年捕獲されているイノシシの個体数のうち、販売可能な屠体をどの程度の割合で生産できるのかを把握する必要がある。

●搬入時の金銭授受の問題

また、捕獲個体を加工施設に搬入する際の換金方法にも注意しなければならない。というのも、捕獲個体の体重などを搬入の際に一個体ずつ品定めする方法や、単位重量当たりの値段を決めておく方法では、良好な肉質の維持が困難になる場合があるのだ。

たとえば前者では、肉の需要が高まって供給不足になれば低品質の捕獲個体でも高価に買い取ることになるが、逆に供給過多になれば高品質のものでも安い価格で買い取らなければならない。そのため、価格に対する品質が不安定になる。

この方法で良好な肉質を維持するためには、捕獲個体を搬入する側と受け入れる側との間の強固な信頼関係と、良質な製品を生産しようとする強いプロ意識が必要になる。この好例としては、兵庫県の丹波篠山にある問屋と島根県などのイノシシ仲買人の関係が挙げられる。

●金銭授受のない組合方式

また、捕獲個体を加工施設に搬入する際の金銭の授受を回避する方法としては、島根県美郷町にある「おおち山くじら生産者組合」のような組合方式がある。これは、組合費を支払った組合員がイノシシの捕獲と搬入、加工、販売を行ない、組合全体を通して発生した利益を組合員に還元する方法である。

この方法では、捕獲個体搬入時に金銭の授受が生じない。いずれにしても、どのような方法を選択するのかは、地域ごとに置かれた状況を冷静に判断して決定する必要があるだろう。

加工での課題とその対応

●人材確保で作業の効率化

加工に関する課題は軽視されがちであるが、流通・経営にも影響する重要なものである。おもな課題としては、解体・加工技術の高い人材が確保できるのか、実際の歩留まり率を把握しているか、残渣の処理方法は決まっているのかなどが挙げられる。

高度な解体・加工技術を持った人材を確保することで作業時間が短縮され、作業効率を上げることが可能となる。雇用条件にもよるが、作業の効率化は人件費の圧縮につながる場合もある。

●成否を決める歩留まり率

また、解体・加工技術者の技術水準は、歩留まり率の高低に直接影響する。捕殺・解体のところでも解説したが、歩留まり率が三〇％の加工施設と四〇％の施設とで体重一〇〇kgのイノシシを処理した場合、肉の生産量に一〇kgの差が生じる。イノシシ肉一kgを三〇〇〇円で販売したとすると、この一個体で売上額に三万円の差が生じることになる。仮に一年で一〇〇個体分を販売したとすれば、売上額の差は三〇〇万円となる。

つまり、歩留まり率の高低は、経営の成否を決定するほど重要な要素の一つなのである。

●専門の技術者を独自に養成

このようなことから、兵庫県篠山市にある問屋の「おゝみや」では、イノシシ専門の解体・加工職人を独自に養成するほど力を注いでいる。その結果、平均的な値が五〇％という高い歩留まり率を達成させている。

また、島根県美郷町の「おおち山くじら生産者組合」では、イノシシ専門の食肉屋などへ研修に行った組合員が解体・加工作業を行なっているが、くくりワナなどと比較して屠体に傷が付きにくい箱ワナや囲いワナを使用したり、捕獲個体を速やかに小型の移動オリに移したりするなど捕獲方法での工夫などにより四〇％程度の歩留まり率を維持している。

●屠体の大きさや性別ごとに

著者が知っている他の加工施設では歩留まり率が三〇％前後の場合が多いが、それらに対して先に紹介した二つの事例が経営を進める上で有利なことは間違いない。

加工に関する課題の二番目に実際の歩留まり率を把握しているかを挙げたのも、歩留まり率が経営方針を決定するために不可欠な情報だからである。

実際に作業を行なう人材が解体・加工を実施した場合、どの程度の歩留まり率を達成できるのかを屠体の大きさや性別、捕獲時期ごとに把握しておく必要がある。

●不適切な個体、残渣の処理

加工に関する三番目の課題として残渣の処理方法を挙げたが、これも経営の成否に影響する要素である。

三〇～五〇％という歩留まり率を考

慮すると屠体の五〇～七〇％が残渣になる。

つまり、販売できる食肉量よりも費用を投じて処理しなければならないゴミの量のほうが多いのだ。

また、捕殺・解体のところで述べたように不適切な処理を施した個体や病気を発症している個体や衰弱個体、体サイズが小さい個体、老齢個体など加工に適さない個体も残渣となる。

これらをどのような方法で処分し、どの程度の経費がかかるのかを把握できていなければ施設の経営は困難である。

感染症対策の周知・徹底

イノシシに限らず野生動物を食肉利用販売する際に外すことのできない課題として衛生管理がある。

野生動物を食肉利用販売する場合、食品衛生法に基づき、「と殺・解体処理を行なう施設は都道府県の条例で定められた施設基準に適合した食肉処理業の許可を受けること」、「食肉処理にあたっての衛生管理は、厚生労働省が定める食肉の調理・保存基準のほか、都道府県の条例で定められた管理運営基準を尊守すること」が必要となる（農林水産省生産局　二〇〇九）が、と畜場法に基づくと畜検査の実施は義務付けられていない。

しかし、野生動物にはウイルスや細菌類の病原体や寄生虫が存在する可能性があるため、感染症などの予防方法などの正しい知識を消費者に周知するなど、何らかの対応が求められる。当然、それらに要する費用について検討する必要もある。

また、消費者に対してだけではなく、捕殺や解体、加工を行なう作業員に対しても人獣共通感染症などの感染症対策を施すべきであろう。

■捕獲したイノシシの活用■

流通・経営のポイント

流通・経営に関しては、独立採算で維持できるかという問題が究極的な課題として挙げられる。これについて検討するためには、収入と支出を正確に把握しなければならない。

おもな支出——経費の種類

食肉利用販売のおもな支出は、⑴施設準備費（施設の建設費や設備の購入費など）、⑵解体・加工施設運営費（家賃や水光熱費など）、⑶貯蔵施設維持費（商品の供給不足を防止するための一時的貯蔵施設の光熱費など）、⑷人件費、⑸残渣の処理費、⑹衛生管理費、⑺営業費などがある。

●施設の導入・運営・維持

これらのうち、⑴と⑵は施設の規模によって決定する支出である。

⑶の貯蔵施設維持費は製品の安定供給のために必要な支出だが、余剰在庫の貯蔵は経営に対する負担となるので必要最小限に留めるのが理想である。「在庫量＝生産量（販売可能量）－実販売量」という原則があるが、実際のケースでは実販売量が少ないが故に在庫量が累積増加して問題化する可能性があるので注意しなければならない。

なお、生産量は、捕獲収集した個体の総量から食肉利用販売に適さない個体を取り除き、残りの部分に歩留まり率を積算した値と考えればよい。

●人件費から営業費まで

⑷～⑹は、屠体の処理量とそれぞれの基準単価によって決定するので、各地域や施設ごとの状況で異なる。たとえば、雇用する人材の技術レベルによって人件費の時間当たりの単価は増減する上、歩留まり率が異なるため残渣の処理費も異なる。これらは、細かい事柄を積み上げて積算しなければ実際の支出を把握することはできない。

(7)の営業費は軽視されることがあるが、実販売量を増加させるために欠かせない支出であり、慎重に販売戦略を練って計画的に積算する。

なお、ハムなどの加工品を生産販売する場合には、これらに加えて加工施設など関連する支出が上乗せになる。

おもな収入——販売量と単価

●販売可能量でなく実販売量

いっぽう、収入は製品の販売量と販売単価で決まる。ただし、ここでいう販売量とは販売可能量ではなく実販売量を指す。つまり、「収入＝実販売量×販売単価」である。整理すると、施設の収益を次の式で示すことができる。

施設の収益＝（実販売量×販売単価）—（施設準備費＋解体・加工施設運営費＋貯蔵施設維持費＋人件費＋残渣の処理費＋衛生管理費＋営業費）

当然ながら、実販売量は生産量（販売可能量）を上回ることはない。独立採算で維持できるかを判断するには、この式に適宜数値を当てはめ、施設の収益がプラスかマイナスかを見る。

●実販売量と販売単価の関係

この時に重要となるのが実販売量と販売単価の値である。

実販売量は消費者の需要と販売可能量の関係によって決定するもので、生産者自身が勝手に決められない。現在は消費者の需要が小さいため、かなりの労力を営業にさく必要がある。

販売単価は、総支出額を踏まえた上で施設の収益が赤字にならない価格に設定するのが基本であるが、低価格に設定した場合には実販売量を増やす必要が生じ、高い価格に設定すると在庫量の増加で経営に悪影響を及ぼする。

単価をいくらに設定するか？

●兵庫県篠山市の問屋おゝみや

鳥獣対策専門員として長崎県に在職中の二〇〇六年に実施した聞き取り調査の結果を紹介しておく。

兵庫県篠山市の問屋「おゝみや」では三〇〇〇個体／年を収集し、平均的な歩留まり率が五〇％で、最大三〇個体／日程度を処理していた。ピーク時には五〇〇〇個体／年を収集していたが、宿泊施設の倒産で需要が激減し、生産量を抑えている状態であった。

販売単価は、業務用イノシシ肉の相場が低下したため平均五〇〇〇〜六〇〇〇円／kgでしのいでおり、これが三〇〇〇円／kgを下回ると赤字が生じる。なお、「お〻みや」はおもに牡丹鍋用としてイノシシ肉を販売しており、繁忙期が冬期に限定されている。

イノシシ肉販売の課題としては、平均的な歩留まり率が高くても、需要が大きいロースの歩留まり率は八％にすぎず、需要が少ない部位の販売先が少ないことが挙げられた。また、ハムなどの加工品は儲けが薄いことや、量販店への販売では安さと高い安全性を求められるため採算が取りにくいといった指摘もあった。

●おおち山くじら生産者組合

いっぽう、島根県美郷町の「おおち山くじら生産者組合」では、有害鳥獣捕獲によって町内で捕殺されるイノシシ平均三〇〇個体／年程度のうち、二〇〇五年度は一八〇個体程度を食肉処理しており、経営が軌道に乗りはじめた段階であった。

また、特定部位に偏った需要になりやすいので、安定的な取引先の開拓が重要であることや、加工品は儲けが薄くてリスクが大きいといった「お〻みや」と同様の指摘がここでも得られた。

農林水産省生産局（二〇〇九）によれば、「おおち山くじら生産者組合」での平均販売価格はバラ肉が三五〇〇円／kg、モモ肉が三〇〇〇円／kg、ロースが四〇〇〇円／kgで、二〇〇七年度は三五一個体を食肉処理している。

●下限三〇〇〇円／kgが目安

二つの事例は、イノシシの食肉利用販売に関して現段階で成功しているケースといえる。著者が知る範囲で失敗事例も含めた他のケースも踏まえると、三〇〇個体程度を収集して販売可能量二〇〇個体／年を達成し、実販売量も二〇〇個体／年に達する状態が独立採算で維持できる境界になるようである。

なお、独立採算を前提とした場合の販売単価の下限は三〇〇〇円／kg程度が目安になるのではないだろうか。

●助成や行政職員に頼らない

また、失敗した事例でよく見られるのが、解体・加工施設運営費や貯蔵施設維持費、人件費、残渣の処理費、衛生管理理費などの施設運営にかかわる部分への補助金や交付金の投入である。

公的資金の投入期限が終了するまでに独立採算できれば問題ないが、実際には公的資金の存在によって経営努力を怠ってしまうことが多い。

また、屠体の搬入や解体・加工処理など作業の一部分を行政職員が行なって人件費を削減している事例もあるが、これも経営に対する責任感が希薄になり、経営リスクを増大させる。

また、施設の立ち上げ当初のマスコミなどへの露出も、安定的な経営を難しくする要因になり得る。地に足の着いた経営のためには安定的な取引先が不可欠だが、それが確定していない段階でマスコミなどに取り上げられ、一時的に実販売量が急増するために安定的な取引先の開拓を怠ってしまう。

計画的な運営と営業努力の例

●組織再編、啓発とデータの蓄積

流通・経営について整理すると、経営に関する適切な計算を積み上げて計画的な運営を図ることと、実販売量を上げるために最大限の営業努力をかけ続けることが、独立採算の維持につながると考えられる。たとえば、「おおち山くじら生産者組合」の事業は二〇〇四年度開始されたが、その準備は二〇〇〇年度からはじまっていた。

旧邑智町では、一九九九年度に猟友会による駆除班体制を解体し、二〇〇〇年度から新たな組織を創設した。この新たな組織が「おおち山くじら生産者組合」につながるからだ。

旧邑智町では、新体制を創設後、二〇〇三年度までの期間中にイノシシの資源化の必要性について普及啓発を進めると同時に、販売可能量などのデータの蓄積も進めていた。

●歩留まり率、取引先、情報公開

二〇〇三年度には施設の試験稼働を始め、正確な歩留まり率の計測や安定的な取引先の開拓もすでに開始していた。そして、施設運営を軌道に乗せる目途を立てたのち、二〇〇四年六月五日に「おおち山くじら生産者組合」を設立し、同組合による本格的な事業運営が始まっている。

また、イノシシの食肉利用販売に関する情報は箝口令を敷き、二〇〇四年度に初めてマスコミに情報公開したという念の入れようだった。

このように「おおち山くじら生産者組合」のイノシシの食肉利用販売に対する取り組みの姿勢は、事業を失敗させないためにも参考になる。これからイノシシの食肉利用販売を始めようと考えている場合には、同組合のやり方をじっくりと研究し、上辺だけでなく取り組みの根柢まで理解して事業計画を練れば、大きな失敗を避けつつ成功に近づくことができるのではないだろうか。

放射性セシウムによるイノシシ肉の汚染

　二〇一一年三月十一日に発生した東京電力福島第一原子力発電所事故後、イノシシの食肉利用にあたり、放射性核種によるイノシシ肉の汚染について配慮する必要性が生じた。というのも、一九八六年四月二六日に発生したチェルノブイリ原子力発電所事故後に実施された研究で、イノシシが長期間にわたって放射性セシウム（おもにセシウム137）に高濃度汚染されやすい種であることが指摘されているのだ（Hohmann and Huckschlag 2005; Strebl and Tataruch 2007; Semizhon et al. 2009; Dvořák et al. 2010など）。

　たとえば、ドイツ南西部のPalatinate Forestで二〇〇一年から二〇〇三年にかけて行なわれた研究では、イノシシの筋中セシウム137濃度が季節的に大幅に変動しており、冬期には汚染の程度が低下するものの、夏期にはドイツの基準値六〇〇ベクレル／kgを大きく上回ることが確認されている（Hohmann and Huckschlag 2005）。これと似た季節的変動は他の研究でも見られ、一年のうちで二桁から三桁オーダーの振れ幅で変動することが明らかになっている（Strebl and Tataruch 2007; Semizhon et al. 2009）。

　また、Hohmann and Huckschlag（2005）は、イノシシ肉の汚染に性差は見られなかったが、内蔵抜き体重一〇kg未満の個体で汚染の程度が高くなること、セシウム137を高濃度（平均：六〇三〇ベクレル／kg、最高：一万八八〇〇ベクレル／kg、最低：八〇〇ベクレル／kg）に集積するうえ、地中に子実体をつくるキノコElaphomyces granulatus（ツチダンゴ属ツチダンゴ科ツチダンゴ）の摂食がイノシシ肉汚染の主原因であることも明らかにしている。

　これとは別に、Strebl and Tataruch（2007）はオーストリアの森林に生息するノロジカとイノシシの肉の汚染について調査し、ノロジカ肉の汚染レベルが時間の経過とともに低下して、一九九六年以降は一〇〇〇ベクレル／kgを下回ったのに対し、イノシシ肉は二〇〇三年時点でも一〇〇〇ベクレル／kg以上を維持していることを明らかにした。これはノロジカよりもイノシシのほうが積極的にElaphomyces granulatusを摂食することが原因と考えられている。

　さらにこの調査では、汚染の指標となる土壌から肉へのセシウム137の移行係数はノロジカで七・二〜八・六年の生態学的半減期（これに物理学的半減期を加味すると実効半減期となる）を示したが、イノシシでは生態学的な倍加時間二六〜二七年となることを指摘している。

　つまり、セシウム137の物理的半減期を考慮しても、この調査地域のイノシシ肉は今後も高濃度に汚染されることが予想される。

　植物やキノコへのセシウム137集積は、土壌の汚染レベルや土壌の基質、湿度、事故後の経過時間、土壌のイオン蓄積、微生物の生物量などに影響される上、日本に生息するイノシシの食物で高濃度にセシウム137を集積するものが存在するのかわからないため、欧州で発生している状況が日本でも再現されるかはわからない。

　しかし、チェルノブイリ事故後の研究例を見れば、モニタリング抜きに野生獣肉の安心・安全を語ることは難しいだろう。

　また、肉の汚染が確認された場合には、汚染の季節的変動や原因食物の究明など研究機関と連携して取り組む必要があると考えられる。

Saez-Royuela, C. and J. L. Telleria 1986 "The increased population of the wild boar (Sus scrofa L.) in Europe" Mammal Review 16 : 97-101.
崎谷満 2009『新日本人の起源 神話から DNA 科学へ』. 勉誠出版, 159p, 東京.
Semizhon T., V. Putyrskaya, G. Zibold and, E. Klemt 2009 Time-dependency of the 137Cs contamination of wild boar from a region in Southern Germany in the years 1998 to 2008. Journal of Environmental Radioactivity, 100:988-992.
島根県農林水産部森林整備課 (1997)『島根県におけるイノシシに関する調査（I）—生息、被害および対策の実態—』. 島根県農林水産部森林整備課, 36p, 松江.
島根木炭史編集委員会 1982『島根の木炭産業史』. 島根木炭協会, 735p, 松江.
自然環境研究センター 1996『狩猟行為と大型狩猟獣の適正な管理に関する調査（イノシシ）— 1995 年度調査報告書』. 自然環境研究センター, 17p, 東京.
自然環境研究センター 2000『平成 11 年度　イノシシ生息状況調査（対馬）報告書』（長崎県委託調査）, 財団法人 自然環境研究センター, 60p, 東京 .
自然環境研究センター 2004『種の多様性調査　哺乳類分布調査報告書』. 環境省自然環境局生物多様性センター, 213p, 東京.
Strebl F. and F. Tataruch 2007 Time trends (1986-2003) of radiocesium transfer to roe deer and wild boar in two Austrian forest regions. Journal of Environmental Radioactivity, 98:137-152.
高橋春成 1980 猪肉の商品化　—中国地方を事例として—. 史学研究, 149 : 73-90.
高橋春成 1995『野生動物と野生化家畜』. 大明堂, 309p, 東京.
竹内正彦・江口祐輔 2007 イノシシから農地を守る「金網忍び返し柵」 —効果的で設置が容易な防護柵の開発—. 農林水産技術研究ジャーナル, 30(3) : 15-18.
塚本学 1993「生類をめぐる政治」. 平凡社, 357p, 東京.
常田邦彦・丸山直樹　1980　イノシシの地理的分布とその要因. 『第 2 回自然環境保全基礎調査　動物分布調査報告書（哺乳類）全国版（その 2)』. 97-120, 環境庁, 176p, 東京.
Tsujino, R., E. Ishimaru, and T. Yumoto 2010 "Distribution patterns of five mammals in the Jomon period, middle Edo period, and the present, in the Japanese Archipelago" Mammal Study, 35 : 179-189.
Watanobe, T., N. Ishiguro, and M. Nakano 2003 "Phylogeography and population structure of the apanese wild boar Sus scrofa leucomystax: mitochondrial DNA variation" Zoological Science 20 : 1477-1489.
矢ヶ崎孝雄 2001 猪垣にみるイノシシとの攻防—近世日本における諸相. 『イノシシと人間』. 122-170, 今書院, 406p, 東京.
安田喜憲 1980「環境考古学事始」. 日本放送出版協会, 270p, 東京.
山内一也 2009『史上最大の伝染病牛疫：根絶までの 4000 年』. 岩波書店, 179p, 東京.
山内一也 2010『どうする・どうなる口蹄疫』. 岩波書店, 109p, 東京.
柳浦文夫 1971『島根の山林 』山陰文化シリーズ 38. 今井書店, 140p, 松江.

神崎伸夫 1993 ニホンイノシシ（Sus scrofa leucomystax）の個体群動態，狩猟，流通に関する研究．東京農工大学大学院博士論文，158p，東京．
Kanzaki, N. and E. Ohtuka 1991 "Winter diet and reproduction of Japanese wild boars" In "Wildlife conservation present trends and perspectives for the 21st century (Eds. Maruyama, N., et al.)", 217-219, Japan Wildlife Research Center,Tokyo, 244p.
鬼頭宏 2000「人口から読む日本の歴史」．講談社学術文庫，283p，東京．
小寺祐二 2001 島根県石見地方の中山間地域におけるニホンイノシシの保護管理に関する研究．東京農工大学大学院博士論文，98p，東京．
小寺祐二 2009 イノシシ Sus scrofa による農作物被害への対策とその課題．生物科学，60（2）: 94-98.
Kodera, Y. 2010 "Reproduction of wild boar in the Iwami district, Shimane prefecture, Western Japan" In "8th international symposium on wild boar and other suids Book of abstracts", 32-33, The food and environment research agency, York, 83p.
小寺祐二・神崎伸夫 2001 島根県石見地方におけるニホンイノシシの食性および栄養状態の季節的変化，『野生生物保護』，6 : 109-117.
小寺祐二・神崎伸夫・金子雄司・常田邦彦 2001 島根県石見地方におけるニホンイノシシの環境選択，『野生生物保護』，6 : 119-129.
小寺祐二・長妻武宏・澤田誠吾・藤原悟・金森弘樹 2010 森林内での給餌はイノシシ（Sus scrofa）の活動にどのような影響を及ぼすのか．『哺乳類科学』，50（2）: 137-144.
松井章・石黒直隆・本郷一美・南川雅男 2001 野生のブタ？飼育されたイノシシ？　―考古学からみるイノシシとブタ．『イノシシと人間』（高橋春成編），古今書院，45-78.
Mauget, R. 1982. Seasonality of reproduction in the wild boar. In: "Control of pig reproduction (Eds. Cole, D. J. A. and G. R. Foxcroft)", 509-526. Butterworth Scientific. London. 664p.
Mazzoni della Stella, R., Calovi, F. and Burrini, L. 1995 "The wild boar management in a province of the central Italy" IBEX Journal of Mountain Ecology 3 : 213-216.
宮脇昭 1983『日本植生誌　中国』．至文堂，540p，東京．
三浦慎悟 1999『野生動物の生態と農林業被害』．全国林業改良普及協会，174p，東京．
中村剛 2001『Cox 比例ハザードモデル』．朝倉書店，132p，東京．
Nores, C., F. Gonzalez and P. Garcia 1995 "Wild boar distribution trends in the last two centuries: an example in northern Spain" Journal of Mountain Ecology 3 : 137-140.
日本野生生物研究センター 1991『平成2年度鳥獣害性対策調査「獣類（イノシシ）調査」報告書』．野生生物研究センター，108p，東京．
Nores, C., F. Gonzalez and P. Garcia 1995 "Wild boar distribution trends in the last two centuries: an example in northern Spain" Journal of Mountain Ecology 3 : 137-140.
農林水産省生産局 2009『野生鳥獣被害防止マニュアル　イノシシ，シカ，サル，カラス　―捕獲編―』．農林水産省生産局農業生産支援課鳥獣被害対策室，163p，東京．
大橋靖雄・浜田知久馬 1995『生存時間解析　SAS による生物統計』．東京大学出版会，277p，東京．
Peracino, V. and B. Bassano 1995 "The wild boar (Sus scrofa) in the Gran Paradiso National Park (Italy): presence and distribution" Journal of Mountain Ecology 3 : 145-146.
Pinto, A.A. 2004 "Foot-and-mouth disease in tropical wildlife" Annals of the New York Academy of Sciences, 1026: 65-72.

引用文献

Artois, M., K.R. Depner, V. Guberi, J. Hars, and S. Rossi 2002 "Classical swine fever (hog cholera) in wild boar in Europe" Review of Science Technology Office International des Epizooties 21 (2) : 287-303.

Boitani, L. and L. Mattei 1992 "Aging wild boar (Sus scrofa) by tooth eruption" In " Ongules / Ungulates 91 (Eds. Spitz, F. et al.)" , 419-421, SFEPM-IRGM, Toulouse.

Calenge, C., Maillard, D., Fournier, P. and Fouque, C. 2004 "Efficiency of spreading maize in the garrgues to reduce wild boar (Sus scrofa) damage to Mediterranean vineyards" European Journal of Wildlife Research 50:112-120.

千葉徳爾 1995『オオカミはなぜ消えたか』. 新人物往来社, 279p, 東京.

Debernardi, P., E. Macchi, A. Perrone and F. Silvano 1995 "Distribution of wild boar (Sus scrofa) in Piedmont and Aosta valley (NW Italy) " Journal of Mountain Ecology 3 : 141-144.

Dvořák P., P. Snášel and, K. Beňová 2010 Transfer of radiocesium into wild boar meat. ACTA Veterinaria Brno, 79:S85-S91.

Dzieciolowski, R. M. and C. M. H. Clarke 1989 "Age structre and sex ratio in a population of harvested feral pigs in New Zealand" Acta Theriologica, 34, 38 : 525-536.

江口祐輔 2002 食害イノシシの行動管理. 『日本家畜管理学会誌』, 37 (3) : 129-135.

江口祐輔 2003『イノシシから田畑を守る おもしろ生態とかしこい防ぎ方』. 農山漁村文化協会, 149p, 東京.

江口祐輔 2008 イノシシの跳躍特性の解析と折り返し柵の開発・普及. 『植物防疫』, 62(4) : 183-187.

Erkinaro, E., K. Heikura, E. Lindgren and S. Sulkava 1982 "Occurrence and spread of the wild boar (Sus scrofa) in eastern Fennoscandia" Memoranda Societas Fauna et Flora Fennica 58 : 39-47.

Geisser, H. and Reyer, H. 2004 "Efficacy of hunting, Feeding, and fencing to reduce crop damage by wild boars" Journal of Wildlife Management 68 : 939-946.

羽生淳子 2005 縄文人の資源利用と文化の長期的変化.「日本の狩猟採集文化」. Pp.45-72, 世界思想社. 東京.

羽須美村 2004『羽須美村閉村記念誌』. 羽須美村, 88p, 羽須美村.

林良博・西田隆雄・望月公子 1977 ニホン産イノシシの歯牙による年齢と性の判定. Japan Journal of Veterinary Science, 39 : 165-174.

平川宗隆 2005『豚国・おきなわ　あなたの知らない豚の世界』. 那覇出版社, 187p, 沖縄.

本田剛 2005 イノシシ (Sus scrofa) 用簡易型被害防止柵による農業被害の防止効果：設置及び管理要因からの検証. 『野生生物保護』, 9 : 93-102.

Hohmann U. and D. Huckschlag 2005 Investigations on the radiocaesium contamination of wild boar (Sus scrofa) meat in Rhineland-Palatinate: a stomach content analysis. European Journal of Wildlife Research, 51:263-270.

Hongo, H., N. Ishiguro, T. Watanobe, N. Shigehara, T. Anezaki, V. T. Long, D. V. Binh, N. T. Tien, and N. H. Nam 2002 "Variation in mitochondrial DNA of Vietnamese pigs : Relationships with Asian domestic pigs and Ryukyu wild boars" Zoological Science 19 : 1329-1335.

いいだもも 1996『猪・鉄砲・安藤昌益』. 農山漁村文化協会, 270p, 東京.

井上雅央・金森弘樹　2006『山と田畑をシカから守る』. 農山漁村文化協会, 134p, 東京.

Jezierski, W. 1977 "Longevity and mortality rate in a population of wild boar" Acta Theriologica 22, 24 : 337-348.

兼光秀泰・藤井勉・河南有希子 1988 飼育下におけるニホンイノシシの出産期, 妊娠期間, 産子数. 動物園水族館誌, 30 : 6-8.

編著者紹介

小寺 祐二（こでら ゆうじ）

1970年生まれ。東京農工大学大学院連合農学研究科博士課程修了後、島根県中山間地域研究センター特別研究員、長崎県鳥獣対策専門員を経て2009年12月より宇都宮大学農学部附属里山科学センター特任助教。「イノシシの基礎生態と保護管理に関する研究」で野生生物保護学会奨励賞（2006年）。
著書に『日本列島の野生生物と人』（世界思想社，共著）など。

イノシシを獲《と》る ワナのかけ方から肉の販売まで

2011年　3月25日　第1刷発行
2024年　5月20日　第8刷発行

編著者　小寺祐二

発行所　一般社団法人 農山漁村文化協会
〒335-0022　埼玉県戸田市上戸田２－２－２
電話　048(233)9351(営業)　048(233)9355(編集)
FAX　048（299）2812　振替/00120-3-144478
URL　https://www.ruralnet.or.jp/
ISBN978-4-540-09256-5
製作/條克己
印刷/㈱光陽メディア
製本/根本製本㈱
〈検印廃止〉

定価はカバーに表示

集落みんなで田畑を守る

DVD
VHS

暮らしを守る獣害対策シリーズ

●VHS　全3巻　各8571円＋税　各30～55分
●DVD　全1枚　2万5714円＋税（VHS版3巻分収録）

サル用のネット柵「猿落君」

獣害は一人では防げない。堅牢・高価な施設よりも、集落全員の小さな努力と工夫の積み重ねが、獣害を防ぎ、楽しく豊かな暮らしをつくる。一年中作物がある自給畑を最前線に、お年寄りでもできること、住民みんなでしなければならないことと、獣害対策の具体的方法を実写で分かりやすく解説。

監修　井上雅央、江口祐輔
協力　小寺祐二、島根県美郷町
　　　ほか
企画・制作　農文協

第1巻　**獣害に強い集落づくり**
餌付け防止と追い払い

第2巻　**田畑の上手な囲い方**
獣種別　柵の設置のコツ

第3巻　**実務者教材**
イノシシの捕獲と解体
箱ワナの仕掛け方から
枝肉まで

※1～3巻の副読本もあります！

夏の駆除イノシシを美味しく資源化

（価格は改定になることがあります）